可持续发展人口资源环境协调机制研究

——以四川省为例

张　果　著

U0289581

科学出版社

北　京

内 容 简 介

可持续发展是科学发展的本质要求。不管是国家级还是省级可持续发展实验区，区域内经济、社会、人口、资源、环境的基本目标是实现其协调、可持续发展，即每个可持续发展实验区的本质是一致的。在梳理四川省可持续发展实验区发展现状的基础上，基于"容量研究""合理分布-主体功能区研究""协调度研究"来探讨经济、社会、人口、资源、环境协调机制下的区域发展模式，揭示可持续发展实验区的共同本质，即与空间位置无关的、深层次的、共同的协调发展机制，总结出每个区域发展模式的特点并提出发展建议与对策。

本书可供人口学、环境学、人口资源与环境经济学、社会学、地理学等专业的本科生和研究生参考；也是从事可持续发展相关管理工作、公益组织与管理人员的可选读物。

图书在版编目(CIP)数据

可持续发展人口资源环境协调机制研究：以四川省为例 / 张果著. — 北京：科学出版社，2017.1 (2018.4 重印)

ISBN 978-7-03-050639-9

Ⅰ.①可… Ⅱ.①张… Ⅲ.①人口-关系-可持续性发展-研究-四川②自然资源-关系-可持续性发展-研究-四川③环境-关系-可持续性发展-研究-四川 Ⅳ.①X24②X22

中国版本图书馆 CIP 数据核字（2016）第 274334 号

责任编辑：张　展　杨悦蕾 / 责任校对：杨悦蕾
责任印制：罗　科 / 封面设计：墨创文化

科 学 出 版 社 出版

北京东黄城根北街16号
邮政编码：100717
http://www.sciencep.com

成都锦瑞印刷有限责任公司印刷

科学出版社发行　各地新华书店经销

*

2017 年 1 月第 一 版　　开本：B5 (720×1000)
2018 年 4 月第二次印刷　　印张：13 1/2
字数：270 千字

定价：85.00 元

（如有印装质量问题，我社负责调换）

前　　言

　　自党的十六届三中全会提出科学发展观以来，可持续发展实验区的发展以科学发展观和建设和谐社会的目标作为其行动指南，并参照国际可持续发展的总趋势，旨在加强人口、资源、环境、经济、社会的协调、和谐发展。国家可持续发展实验区（China National Sustainable Communities，CNSCs），是从 1986 年开始，由原国家科学技术委员会（今科学技术部）、原国家计划经济委员会（今国家发展与改革委员会）等政府部门和地方政府共同推动的一项地方可持续发展综合实验试点工作，当时称为"国家社会发展综合实验区"，后于 1997 年 12 月更名为"国家可持续发展实验区"。可持续发展实验区是贯彻《中国 21 世纪议程》和可持续发展战略的基地，是全面建设小康社会的实验和示范基地。在实验区开发和建设的 20 多年中，可持续发展理论在中国的探索和实践遇到了无数的困难和险阻，同时也取得了一定的成就。

　　四川省从 20 世纪 90 年代开始制定和实施可持续发展战略，并建立了四川省可持续发展试点工作领导小组，确定了"以经济效益为中心，优化经济结构，改善生态环境，实施可持续发展"的指导方针。在实施可持续发展试点工作过程中，虽然四川省作为我国内陆的农业大省，资源较为丰富，但由于人口基数大，人均资源相对较贫乏，经济技术水平较为落后，因此四川省可持续发展实验区在人口、资源、环境、经济、社会的协调发展方面还有许多工作需要完善。

　　为全面贯彻党的十八大以来中央关于绿色发展的新理念、新战略、新部署，2016 年 7 月 28 日，中共四川省委十届八次全体会议决定深入研究推进绿色发展、建设美丽四川；坚持建设长江上游生态屏障目标不动摇，坚定促进转型发展，坚决淘汰落后产能，坚决守护绿水青山；坚定走生态优先、绿色发展之路，努力开创人与自然和谐发展的社会主义生态文明建设新局面。

　　本书以可持续发展实验区为视角，在总结了其建设的理论基础和发展起源、阶段、类型等概况的基础上，分析了四川省可持续发展实验区建设的成就与障碍。重点基于"容量研究""合理分布－主体功能区研究"和"协调度发展研究"来探讨经济、社会、人口、资源、环境协调机制下的区域发展模式。通过"容量"研究探讨不同背景的区域承载力，以数据和定量分析方法测度诸如区域社会经济发展程度、耕地、水资源、能源、环境容量等多系统的承载力；通过"合理分布－主体功能区研究"，指导四川省根据经济、社会、资源、环境的分布来

"合理布局"发展空间；通过建立影响四川省可持续发展实验区协调发展的指标体系，即 PREES（人口、资源、环境、经济、社会）系统，采用多种数学方法，从定性与定量两个方面，对四川省可持续发展实验区的协调性进行分析和评价，并提出相关措施。

本书不仅关注四川省可持续发展实验区发展本身，而且以其为视角，更加注重从可持续发展的人口资源环境协调机制进行分析，提出更多细节的评价性、指导性的理论与实证证据，比如统筹城乡的动力机制研究、新型工业化与新型城镇化联动机制研究等，最终达到四川省人口资源环境长远发展、持续发展的目标。作者结合了前人关于四川可持续发展的研究成果，也系统融入了自己的认识和经历，希望本书能成为人口学、环境学、人口资源与环境经济学、社会学、地理学等专业的本科生和研究生，以及从事可持续发展管理工作、公益组织与管理人员的参考读物。

本书分为 7 章，第 1 章介绍研究意义与目标、研究背景、国内外研究现状和本书研究路线。第 2 章介绍我国和四川省可持续发展及实验区建设历程，分阶段梳理每个时间点所在的重点工作。第 3 章基于资源和环境的人口容量研究，包括最大人口容量和适度人口容量估算。第 4 章对四川省可持续发展实验区的区域结构进行研究，重点是可持续发展实验区的主体功能区划和空间差异化的发展策略。第 5 章对四川省可持续发展实验区的协调度进行研究，包括空间和时间两个维度的分析。第 6 章以宜宾市南溪区为例，实证分析了其可持续发展情况的特征，尤其对统筹城乡的机制进行了分析。第 7 章对全书的研究结论进行了总结并对四川省可持续发展的问题、对策和方向进行了分析。

本书的编写由张果主要负责（第 1 章和第 6 章），曾永明负责第 2 章，参编人员有任平、李雯婷（第 3 章），苏建明、冯庆、汪正洲（第 4 章），李晓梅、张春艳（第 5 章），陈兰、王群（第 7 章）；张果所带研究生张稆丹、刘宗鑫、张志丹、江文芹、杨静、姜晓清、李丛颖等对本书的编写也做出了非常大的贡献。本书也得到了四川省科技厅、四川省卫生和计划生育委员会、宜宾市南溪区科技局等有关单位的极大支持。在此对上述人员和单位表示感谢。最后还要感谢四川省科技厅科技支撑计划"基于四川可持续发展实验区的人口资源环境协调机制研究"（编号 2011FZ0105）对本书出版的支持。

值得强调的是，本书参考了大量文献著作，因篇幅有限，并未一一列出，在此向原作者表示歉意和感谢。尽管本书凝聚了全体参与人员的不少心血，但由于作者能力和学术视角的限制，书中难免有疏漏不足甚至偏颇错误之处，恳请读者批评指正。

目　　录

第1章 绪　　论

1.1　研究意义与目的

1.1.1　研究意义

发展是全人类最普遍、最基本的追求，发展问题也是世界性的共同课题。无论是世界经济格局的南北分化，还是贫富差异的加大，归根结底都是因为发展的问题还没得到解决。随着人们对发展实践的不懈努力，对发展问题认识的逐步深化，发展理论应运而生[1]。从 20 世纪 50 年代单纯以经济增长为核心的发展，到 20 世纪 70 年代以经济增长与社会变革协调发展为核心的发展，到 20 世纪 80 年代可持续发展理论的产生，直至 20 世纪 90 年代可持续发展理论达成共识，发展的内涵越加丰富[2]。就目前而言，发展则更是人口、社会、经济、资源与环境相互协调的共同发展。

1962 年，美国女生物学家蕾切尔·卡逊（Rachel Carson）发表了著作 *Silent Spring*，书中叙述了关于农药污染造成的恐怖景象，由此掀开了发展观念在全世界范围内的争论热潮。1972 年，首次国际性环境大会——联合国人类与环境大会在斯德哥尔摩召开，会上首次提出了生存水平与环境质量之间的关系，是人类与环境关系史上的重要里程碑[3]；同年，美国知名学者巴巴拉·沃德（Barbara Ward）和勒内·杜博斯（Rene Dubos）所著 *Only One Earth* 的出版，以及罗马俱乐部发表的著名研究报告 *Limits to Growth*，将人类对于生存与环境的认识推向了可持续发展的新境界。1987 年，世界环境和发展委员会（World Commission on Environment and Development，WCED）的时任主席布伦特兰（Brundtland）率先在 *Our Common Future* 的报告中全面论述了人类共同关心的环境与发展问题，并正式提出了可持续发展的概念："既满足当代人的需要，又不损害子孙后代满足其需求能力的发展。"[4] 1992 年，WCED 在巴西里约热内卢召开，与会代表广泛接受和认可了可持续发展思想，并通过了《里约环境与发展宣言》（*Rio Declaration*）和《21 世纪议程》（*Agenda* 21）。《21 世纪议程》的制定和签署表明了可持续发展思想在全世界范围内形成共识，也促使其由理论探索向社会实践的显著转变，全球性的可持续发展行动计划由此拉开帷幕[3]。

作为全球最大的发展中国家，无论是为解决经济发展滞后的现实困境，还是为实现国家民族的伟大复兴，可持续发展无疑都是我国顺应时代潮流的必然战略抉择。但是，出于对辽阔地域面积及复杂国情的考虑，无论是社会、经济还是环境方面都不具备大面积推进的条件。因此，我国历经多年发展与探索，终于形成了将可持续发展战略与地方实验相结合，进行可持续发展实验区建设的特色发展模式。作为国家和各级地方政府探索可持续发展理论、践行《中国 21 世纪议程》、推动可持续发展战略具体实施的现实载体；作为缓解人口、资源和环境的压力，实现全面建成小康社会的示范基地，可持续发展实验区建设的战略意义不可谓不大。

可持续发展是科学发展观的本质要求。国家发展战略的整体构想，既从经济增长、社会进步和环境安全的功利性目标出发，也从哲学观念更新和人类文明进步的理性化目标出发，几乎是全方位地涵盖了"自然、经济、社会"复杂系统的运行规则和"人口、资源、环境、发展"四位一体的辩证关系，并将此类规则与关系在不同时段或不同区域的差异表达，包含在整个时代演化的共性趋势之中。在科学发展观指导下的国家的战略，必然具有十分坚实的理论基础和丰富的哲学内涵。面对实现其战略目标（或战略目标组）所规定的内容，各个国家和地区，都要根据自己的国情和具体条件，去规定实施战略目标的方案和规划，从而组成一个完善的战略体系，在理论和实证上去寻求国家战略实施过程中的"满意解"。

区域的可持续发展归根结底是人口的可持续发展。坚持以人为本，就是坚持人民群众是历史创造者的唯物史观基本原理，坚持全心全意为人民服务的党的根本宗旨，把依靠人作为发展的根本前提，把"提高人"作为发展的根本途径，把"尊重人"作为发展的根本准则，把"为了人"作为发展的根本目的，始终把实现好、维护好、发展好最广大人民群众的根本利益作为党和国家一切工作的出发点和落脚点，做到发展为了人民、发展依靠人民、发展成果由人民共享。坚持可持续发展，就是要使经济发展与人口资源环境相协调，人与自然相和谐，发展循环经济，建设资源节约型国家，建设环境友好型国家，走生产发展、生活富裕、生态良好的文明发展道路。人口是经济、社会、环境等各方面发展最活跃的因素，人口的发展是生产力提高中能动性最强的因素。只有在发展研究中兼顾人口发展的研究，才能更好地把握发展的本质。

人口、资源、环境协调发展是生态文明建设的要求。党的十八大报告提出建设生态文明并做出具体部署，体现了党和政府对 21 世纪新阶段我国发展呈现的一系列阶段性特征的科学判断和对人类社会发展规律的深刻把握。一方面，我国人均资源不足，耕地、淡水、森林等资源的人均拥有储量仅占世界平均水平的 32%、27.4% 和 12.8%，石油、天然气、铁矿石等资源的人均拥有储量也明显低于世界平均水平；另一方面，由于长期实行主要依赖增加投资和物质投入的粗放型经济增长方式，能源和其他资源的消耗增长很快，生态环境恶化的问题也日益突出。如果生态系统不能持续提供资源能源、清洁的空气和水等要素，物质文明的持续发展就会失去载体和基础，整个人类文明都会受到威胁。因此，建设生态文明是实现全面建设小康社会奋斗目标的内在需要，是深入贯彻落实科学发展观的重要内容。

　　人口、资源、环境协调发展是可持续发展实验区的实践需要。可持续发展主要包括自然资源与生态环境的可持续发展、经济的可持续发展和社会的可持续发展。《里约环境与发展宣言》首次提出，人类应遵循可持续发展的方针，并明确了可持续发展的定义既符合当代人的需求，又不致损害后代人满足其需求能力的发展。可持续发展是一项宏大的社会系统工程，实验区是支撑这一系统的重要载体。

1.1.2　研究目的

　　经济发展与资源适度开发、环境保护的协调机制是社会经济可持续发展的规律所在，把握规律才能提高决策的科学性。针对我国资源与环境面临的严峻形势，把"资源利用效率显著提高，生态环境明显好转"作为构建社会主义和谐社会的九大目标任务之一，专门提出"建设资源节约型、环境友好型社会"[5]。这是可持续发展在我国经济社会建设实践进入了更高层次阶段的标志，也是科学发展观的细化，深化可持续发展必须落实到统筹区域经济发展中来，即统筹区域资源、环境、经济的发展。

　　人口资源环境的协调机制是可持续发展实验区的重要目标。人口、资源、环境的协调机制下的"容量研究""合理布局研究"和"协调发展机制研究"是可持续发展实验区的核心内容。通过对人口、资源、环境的协调机制得到基于人口、资源、环境的"协调发展模式"。

1. 可持续发展的影响因素研究

　　(1)资源因素。自然资源是区域赖以生存的条件，是一个区域可持续发展的物质基础和基本支撑系统，主要包括土地、水和能源。

　　(2)环境因素。环境是指人类生存和经济发展的空间，是自然环境和社会环境综合作用下的人工环境。

　　(3)经济因素。经济在很大程度上决定着一个区域可持续发展目标的实现，需要有高度的可持续发展的经济作为区域发展的基础。

　　(4)社会因素。实现社会的可持续发展是最终目标，核心是人的发展及人的发展需求。

　　经济社会、资源环境是协调发展的统一整体，以可持续发展思想统领的主体功能区划，突出对影响人口分布和发展的环境、资源和基础服务的评价，将发展趋势定量化、指标化，既可为"主体功能区"的界定提供理论依据和科学参考，也为可持续发展实验区和四川省区域的发展提供模式指导。

2. 可持续发展的机制与模式研究

(1)可持续发展协调机制和动力机制的研究。可持续发展需要许多运行机制加以维持，这方面的已有研究包括管理机制、法规机制、利益机制、舆论机制和道德机制等。

(2)可持续发展模式在区域人口、社会、经济领域的探讨。可持续发展模式的探讨主要集中在生态学领域，包括生态城市、"零排放"生态城市、园林生态城市，以及基于城市胁迫发展理论的城市可持续发展模式。

3. 可持续发展的综合评价研究

(1)可持续发展评价指标体系构建研究。可持续发展能力研究、可持续发展水平研究的指标体系的分析和建立，以及数理模型的运用等。

(2)可持续发展的综合评价方法研究。可持续发展理论是汲取各种发展理念和经济规律的综合体系，各种维度的评价体系对于区域的评价侧重不同，如何进行合理的取舍，构建适合区域实际的评价方法体系是研究的难点之一。

4. 对区域可持续发展不足的检验和未来展望研究

对区域可持续发展的不足之处进行检验，主要是对未来区域可持续发展做出更好的总结，特别是对西部可持续发展的实践。西部地区矿产资源丰富，但自然生态环境脆弱、经济发展落后，许多可持续问题不同于东部。西部大开发战略为西部地区的发展提供了极好的机遇。如何依托西部大开发战略，在脆弱的生态环境承载力之内快速发展，是西部落后地区可持续发展的重点所在。面对西部大开发的契机，即使地区做大、做强经济的发展机遇，也是地区可持续发展的唯一机遇。不合适的开发理念和方式就是对机遇的错失，也是对地区发展的破坏，其破坏性后果是可持续发展所难以承受的。

5. 可持续发展实验区的实践研究

中国在许多省市都开展了可持续发展的实验区，包括国家级的、省级的，每个可持续发展实验区由于经济、社会发展水平和人口、资源环境的差异，他们的发展机制和模式也都存在差异。可持续发展实验区的开展为此类研究提供了实践案例。公开的文献中有关于广东省、福建省、天津市等多个研究成果，不过很明显，多数成果是探讨东部可持续发展现状，很少有西部研究案例，尽管西部实践案例也很多。

四川省具有总体人口数量巨大、人均资源量有限、区域发展不平衡的特征，四川省已经建立了相当数目和级别的实验区,在鲜明的区域特色探索中,积累了很多宝贵的经验;但同时,应当看到各实验区因地制宜地拟定发展策略,对于区域综合经济社会效用的最大化及区域区位效用最大化还没有综合的考量。就可持续实验区建设的出发点而言,较多是迫于环境或生态方面的压力而被动性地应对,这种末尾治理的发展策略对于四川省其他区域不具有直接借鉴作用。

对于如何实施四川省"十三五"规划和推进四川省工业化、城镇化和农业现代化,实现城乡统筹及制度化、规范化、程序化(简称"三化")建设的规划目标,内在机制研究和组织架构探索是迫切需要破解的课题。探索源于实验区域发展而高于区域拘囿的内在发展机理,以此为出发点,科学地评价区域发展禀赋和发展水平,探索区域发展的动力机制,采取相应的发展对策,为四川省其他区域进行可持续发展实验区建设实践提供理念和方法指导。

1.2　研究背景

1.2.1　科学发展观成为中国特色社会主义的指导思想

科学发展观是我国当代中国特色社会主义的指导思想,它的思想体系中包含了"协调"和"可持续"的发展观点[1],在区域生产力布局下高度考察全国范围内各区域的协调性,从整体发展持续时间的长度方面考虑发展的持续性。由此可见,科学发展观是可续发展观的高级发展阶段,二者是一脉相承的。

马克思主义唯物史观认为,检验一种社会制度先进与否的标准是否有利于促进生产力的发展,而生产力的发展是为了推动人类社会的全面发展。把人的全面发展作为社会发展的终极目标是马克思主义发展理论的基石[6]。对于发展目标的认识,决定了发展观和发展路径的确定。要实现人的全面发展,需要创造丰富的物质文明、精神文明、生态文明、政治文明。可见,"发展"的总目标是使人类在经济、社会、文化等多个方面得到持续的提高。

正如国务院原副总理曾培炎先生所概括的,"实现可持续发展,是科学发展观的重要体现;实行统筹兼顾,是科学发展观的总体要求"[7]。作为可持续发展的高级阶段,我国的可持续发展理论已提出近 30 年,对可持续发展的理论和实践积累了一定经验,科学发展观标志着我国的可持续发展水平进入了更高级的阶段。

---

① 国家可持续发展实验区申报范围:直辖市、副省级城市城区,地级市,地级市城区,以及上述行政区划的特定区域,县及县级市,镇级行政区。

1.2.2　可持续发展思潮与可持续发展实践广泛涌现

1. 可持续发展思想的普及与成熟

　　人类对自然资源的开发历史，同时也是人类对自然资源开发利用理念不断进步的历史；伴随着文明的发祥，可持续发展的理念可谓源远流长，在我国春秋战国时期，就有保护处在孕育期和孵化繁殖的鸟兽鱼鳖及封山育林的思想和法令，这种"永续利用"的思想和今天的可持续发展理论有着共同的渊源，即自然资源的使用不仅仅是消耗，而应当以得到更好繁衍存续为善的境界。尽管可持续发展的思想在以后的社会进程中未被重视，但这种传统赋予"发展"的丰富内涵，面对今天严峻的可持续发展势态，对我们有宝贵的借鉴意义。可持续发展的思想在人类历史上得到深刻认识和发展，始于 20 世纪 50 年代以后。"第二次科技革命"和大规模、高投入的"农业革命"在全球迅速展开，发达国家经济疯狂扩张，在发展中国家和地区掠夺资源和市场，而欠发达地区不惜以资源高耗费、环境高污染、结构高畸形的产业发展来换取经济优势[8]。同时，大规模工业革命和农业革命及不合理的布局也带来了一系列恶果，导致人类赖以生存的地球环境遭到大规模破坏：臭氧层出现空洞，导致紫外线的侵害；二氧化碳浓度上升使地球温室效应加剧；生物圈遭到破坏的表现为森林的大面积减少；生物物种走向灭绝；过量使用化肥、农药带来土壤和河流污染；水体污染、水土流失，使地表水资源可持续度显著降低，直接威胁到人类的健康和安全。"增长－发展"的经济发展模式受到质疑，福瑞斯特(Forester)的论文《世界末日：公元 2026 年 11 月 23 日，星期五》；莱切尔·卡森的著作《寂静的春天》，"可持续发展"替代了"有机增长""全面发展""同步发展"和"协调发展"等各种构想，成为现今流行的概念[9]。巴巴拉·沃德和雷内·杜博斯(Rene Dubos)的《只有一个地球》，把人类对生存与环境的认识提高到了一个新境界——可持续发展的境界[10]。研究报告《增长的极限》根据数学模型预言报告明确提出"持续增长"和"合理的持久的均衡发展"的概念[10]。1987 年，联合国世界与环境发展委员会发表了《我们共同的未来》，提出可持续发展概念，"是能够满足当前的需要又不危及下一代满足其需要的能力的发展"，标志了可持续发展思想的成熟。归纳出人类共同关心"发展"的总目标是使人类在经济、社会、文化等多个方面得到持续提高。经济增长强调的只是物质生产和积累等方面的提高，而"发展"则是从更开阔的视野和全新的角度研究人类的社会、经济和文化，强调的是人的潜力的充分发挥，追求人类个性选择和创造性选择的区域间公平和代际公平[11]。

2. 人类可持续发展的取得不断进展

　　1992 年，联合国及其下属机构等 70 个国际组织的代表签署了《里约环境与发展宣言》，用来界定可持续发展中国家的权利和义务，并通过了纲领性文件《21世纪议程》，这是第一份关注可持续发展的全球行动计划。包括如何减少浪费性消费、消除贫穷、保护大气层、海洋和生物多样性及促进可持续农业的详细建议。对各国执行里约会议各项协议的落实情况做出评估和报告[12]。

1994年完成的《国家可持续发展战略》一书总结了亚非拉国家及一些经济合作组织在可持续战略实施过程中的经验和做法，对推动国家可持续发展战略的实施起到积极作用。同时，全球环境基金启动，用于鼓励发展中国家开展对全球有益的环境保护活动以赠款或其他形式的优惠资助，为受援国提供项目的资金支持[13]。1995年哥本哈根会议，对促进国际合作和社会发展，对推动可持续发展的进一步深入起了积极作用；1997年12月，缔约方通过《京都议定书》，该文件为发达国家温室气体排放的减少、排污权交易的建立和发展中国家清洁发展机制的建立制定了目标[14]。

2002年，在南非可持续发展会议上，104个国家元首和政府首脑及192个国家的1.7万名代表就全球可持续发展现状、问题与解决办法进行了广泛的讨论。会议要求各国具体执行《21世纪议程》的量化指标。该会议2009年12月在丹麦首都哥本哈根召开，192个国家的谈判代表峰会召开，商讨2012~2020年的全球减排协议。这次会议被喻为"拯救人类的最后一次机会"。会议由于各方立场不一，未能达成有效协议，这也说明了区域可持续发展的必要性和协调的困难程度。

3. 中国可持续发展理论的兴起及可持续发展实验区的建设

国内可持续发展思想及理论研究开端于以可持续发展思想为核心内容的《中国21世纪议程》的颁布，衡量区域可持续发展水平的可持续发展指标体系日益受到社会的重视。这一指标体系不仅是分析观察一个区域的可持续发展程度和状态的有效工具，而且是描绘该地区可持续发展质量、评价可持续发展能力的基本水准。建立一套不同于传统的经济社会发展统计指标，按照联合国所要求的切实体现《21世纪议程》、建立在严格的法律法规保护下的指标系统，吸引更大范围的公众参与可持续发展，对于转变社会观念、普及可持续发展意识、促进可持续发展战略的实施意义重大。各省市在《中国21世纪议程》的指导下，联合科研院所、高等院校和政府职能部门，深入调研各省省情和社会经济发展态势，制定了各省市的21世纪议程。四川省于1994年展开前期调研和准备工作，此后颁布了《四川21世纪议程》和"中国21世纪议程——四川行动计划"，并于1998年成立了21世纪议程管理中心[14]。

国家相关部门调查数据显示，截至2012年12月，在全国范围内已建立国家实验区58个，省级实验区77个，遍及全国90%的省、自治区、直辖市。20多年来，实验区取得了良好的示范效果和典型的实践意义。目前四川省共有可持续发展实验区 13 个, 国家级可持续发展实验区 3 个, 省级可持续发展实验区 10 个。

1.2.3 全国主体功能区规划和西部大开发战略的确立

国家可持续发展实验区从 1986 年开始进行可持续发展综合示范试点工作, 旨在为不同类型地区实施可持续发展战略提供示范。可持续发展实验区的地区必须具备一定的可持续发展能力和推进可持续发展的经济与社会基础, 科技支撑条件较好。因此, 可持续发展战略的经济、社会基础在这里已经提出了明确的要求。但是, 对于可持续发展能力的评价一直以来没有统一的标准, 特别是区域经济、社会发展情况各异, 也很难用固定的标准来限定。因此, 尝试某一类型经济区域的可持续发展状况评价, 具有十分突出的实践价值; 同时, 各个区域的区划实践也为区划理论方法研究提供了扎实的研究基础, 有助于提高主体功能区划的科学性。

建设主体功能区主要基于以下背景因素: 首先, 快速增长的工业带来较大的资源环境压力。其次, 资源环境承载出现区域性危机。在一定区域范围内, 环境污染与生态危机在区域层面上冲击到了以人为本的发展观, 环境的恶化严重影响到了人居环境。最后, 国内外经济面临重大调整。为适应全球经济的变化, 中国必须主动对国民经济结构进行战略性调整。兼顾人与自然的协调发展, 对于高耗能、高污染进行有节制的管理与约束, 降低产业发展对环境的影响和冲击, 这符合建设服务型政府的基本要求。

西部大开发为四川省这个地处内陆的区域大省带来了发展机遇, 追求经济雪球式膨胀还是区域产业合理布局, 追求高速城市化还是人口有序集聚, 追求工业化遍地开花还是有选择地发展优势产业, 资源掠夺型还是环境友好型, 认真思考才能避免走东部一部分省区低级工业化的老路, 使经济发展惠及社会各个层面, 实现可持续发展的良好势头。

根据《中国农村扶贫开发纲要(2011—2020 年)》(中发[2011]10 号), 参照《十二五规划纲要》、《中共中央、国务院关于深入实施西部大开发战略的若干意见》(中发[2010]11 号)和《全国主体功能区规划》(国发[2010]46 号), 国家制定了《2011—2020 年秦巴山片区区域发展与扶贫攻坚规划》, 将四川省绵阳、广元、南充、达州和巴中五市的 16 个贫困县区①划入国家秦巴山片区区域发展与扶贫攻坚规划, 在基础设施、产业发展、社会事业、政策帮扶等方面将给予重点支持, 必将为四川省区域综合实力的提高发挥重要作用。

---

① 四川省划入秦巴山片区区域发展与扶贫攻坚规划的区域: 绵阳市(北川羌族自治县、平武县)、广元市(朝天区、元坝区、剑阁县、旺苍县、青川县、苍溪县、利州区)、南充市(仪陇县)、达州市(宣汉县、万源市)、巴中市(巴州区、通江县、平昌县、南江县)。

1.2.4　统筹城乡发展的综合改革实践

国外对统筹城乡发展的研究由来已久，经历了 20 世纪 50 年代的城乡整体观到城乡分割发展观再到 20 世纪 80 年代注重城乡联系的城乡融合发展观的转变，相对注重城乡差异和区域比较的研究[15]。国内统筹城乡发展，特别是其动力机制的研究，不同的学者在不同的层面都有探讨，也做了很多相关方面的研究。从"整体观"研究视角出发，姜太碧认为城市市场经济发展及"推力"和"拉力"的双重作用，使得统筹城乡发展协调的动力机制因素包含自上而下型、自下而上型和自上自下混合型三种模式[16]。而"统筹城乡发展"的提出源于我国典型的城乡"二元"社会格局，在消除城乡二元格局的研究上，胡金林从系统视角、主体视角及地域视角三方面对城乡统筹发展的动力机制研究加以总结，并把自上而下型、自下而上型和自上自下混合型三种模式的演变发展归纳到主体视角之中[16]。也有研究从系统视角出发，把统筹城乡发展的动力因素归为外部动力因素、内部动力因素及环境因素三类，指出组织和个人的效用最大化是推动城乡一体化发展的动力源[17]。不管是从内外部还是从各个视角研究出发，研究者都想要寻找或理清推动统筹城乡整体发展"多方面"的动力机制模式，并试图把它们整合在一起。

从"部分观"研究视角出发，研究者更多关注一个或多个影响统筹城乡发展的因子，目前主要从城乡两个系统的社会、经济、制度、生态等方面进行研究，自 2007 年成都、重庆作为全国统筹城乡综合配套改革试验区以来，在张果等对成都市城乡一体化动力机制的研究中，认为经济发展水平、工业化水平、社会人口是城乡一体化的主要驱动力[18]。在重庆统筹城乡模式选择中，研究提出了城市－工业带动模式，郊区－旅游带动模式及乡镇－工农业协调发展模式[19]，在成渝统筹城乡发展动力机制研究中，"两化"支撑，破除城乡二元格局，解决"三农"问题是研究的重点方向。也有研究认为城镇化，特别是健康城镇化是推动统筹城乡发展最重要的基础和动力[20]。随着时间的推移，研究的方向开始从城市转向农村，认为统筹城乡，关键在于解决"三农"问题，通过城乡之间的利益制衡和均衡博弈，建立内部动力机制，进而实现城乡统筹[21,22]。在制度层面上，主要是以政府为主体，更多关注农村，推动公共服务的均等化，建立以政府为主导的动力机制[23]。强调必须由政府来承担统筹城乡发展的主要责任[24]，作为动力机制的源泉，政府要制定制度保障机制和法律保障机制，来服务于统筹城乡的发展规划，推进城乡发展[25]。从生态角度出发，还停留在建立统筹城乡可持续发展模式框架研究、形成机制上，把环境指标加入评价体制，以达到平衡生态效益的目的，还缺乏专门从生态效益出发，评价统筹城乡可持续发展机制的研究[26]。

不管是"整体"的思维模式，还是"分部"的讨论研究，大部分重点放在怎么样打破"二元"格局，消除城乡两个系统的差别，侧重于"原因""方法""模式"等分点研究，还没有完全把协调可持续发展思想贯穿其中，因而动力机制框架构想上还没有形成一个完善、协调可持续的统筹城乡发展机制。

一直以来，统筹城乡可持续发展的动力机制研究都没有形成一个统一的模式和机制，发展的路径也是单维的，而统筹城乡的发展，必须是可持续的发展，统筹城乡可持续发展动力机制的研究，也应该是一个完整的、有序循环的动力机制系统，其基本要素应该包括互动体系、动力、主体、对象及目标，并且其中的每一个要素或状态都是统筹乡村和城市双向互动的结合，这样的动力机制才更完善和可靠。

四川省提出在建设以工业强省为主导、大力推进新型工业化、新型城镇化、农业现代化，加强开放合作、加强科技教育、加强基础设施建设的背景下，实现发展有差异、区域有特色的发展梯队。寻找"三化"建设的突破点和契合点，必然要求形成区域经济差异化、互补性、有机性的高层次的发展局面。从这个意义上讲，合理设置主体功能区划将是实现"三化"建设的前提，在此基础上研究可持续发展实验区的发展动力机制和发展策略，给力于回答"三化"建设的路径和着力点等一系列问题。

1.2.5　建设美丽四川、把握推进绿色发展的总体要求

绿色是生命的象征、是大自然的底色、是现代社会文明进步的重要标志。推进绿色发展，关系人民福祉，关乎民族未来。党的十八大以来，以习近平同志为总书记的党中央站在中华民族永续发展的高度，把生态文明建设摆在更加突出的位置，鲜明提出绿色发展理念，绘就了建设美丽中国的宏伟蓝图。四川省省委、省政府认真贯彻落实中央重大决策部署，坚持建设长江上游生态屏障目标不动摇，坚定促进转型发展，坚决淘汰落后产能，坚决守护绿水青山，在推进绿色发展、改善生态环境上取得了重要成效。但是，四川省生态环境状况仍面临严峻形势，大气、水、土壤等环境污染问题突出，部分地区生态脆弱，自然灾害频发，资源环境约束趋紧，节能减排降碳任务艰巨，生态文明体制机制不够完善，全社会生态、环保、节约意识还不够强，树立和落实绿色发展理念、推动发展方式转变已成为刻不容缓的重大历史任务。

推进绿色发展、建设美丽四川，是落实"五位一体"总体布局和"四个全面"战略布局、践行新发展理念的重大举措，是适应经济发展新常态、加快转型发展的时代要求，是满足四川省人民对良好生态环境新期待、全面建成小康社会的责任担当，是筑牢长江上游生态屏障、维护国家生态安全的战略使命。必须充分认识推进绿色发展的重要性和紧迫性，牢固树立"保护生态环境就是保护生产力，改善生态环境就是发展生产力"的理念，坚持尊重自然、顺应自然、保护自

然，以对脚下这片土地负责、对人民和历史负责的态度，坚定走生态优先、绿色发展之路，努力开创人与自然和谐发展的社会主义生态文明建设新局面。

1.3 研究区域概况

研究以四川省为例，涉及四川省总体、各个地级市或典型区县(图1.1)。四川省位于中国西南部($97°21'$E~$108°33'$E；$26°03'$N~$34°19'$N)，地域辽阔，行政区面积48.6万平方千米[27]。与中国西部直辖市重庆市地缘联系紧密，位于青藏高原东南边缘，长江上游及上游主要支流贯穿全境，西北与青海、甘肃接壤，北部隔秦岭与关中—天水经济区相连，西南接云南、贵州、西藏等高原省区，自古为西南地区政治、经济、文化地带。省会成都市"十三五"期间正加快建设成国际内陆型综合交通枢纽和物流中心、西部经济中心及区域创新创业中心[28]。

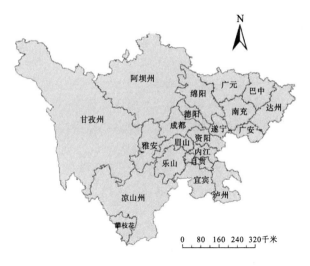

图1.1 四川省政区划图

由于四川省独特的地缘特征，深居内陆，辖区面积广阔，自然条件各异，自然资源禀赋优越，已建成了较为完善的国民经济体系，区域内资源的协调性机制要大于区外的供应影响。① 按照区域经济理论，将四川省作为本课题的研究对象，其整体特征具有较强的一致性，即区域协调的可持续发展性，从这个意义上来讲，把四川省作为可持续发展试验区域的一个整体来研究，区内各发展层次单元在总体容量、组成份额和协作关系上既具有一致性，又具有分异性。其一致性表现为分工协作关系，其分异性表现为竞争关系，二者辩证统一的基础就是区域整体具备较好的可持续发展特征。

——————————

① 为了避免重复，更多关于四川省的空间区位的分析见第4章。

《中国 21 世纪议程》编制颁发以后，四川省早在 1994 年就开始筹备《四川 21 世纪议程》的编研工作，1995 年完成编制《四川 21 世纪议程》，内容分为四个部分，四个部分依次是可持续发展总体战略、社会可持续发展、经济可持续发展、资源与环境的合理利用和保护[29]。《四川 21 世纪议程》把经济、社会、资源与环境视为密不可分的系统，提出要在发展中解决环境保护问题，还系统地论述了经济可持续和社会可持续的问题，提出了走向可持续的战略、政策和行动措施；提出"环境的外部化转向环境的内在化"，环境保护是"发展"本身的重要组成部分；要把环境与经济、环境与社会、环境与资源等相分割的战略、政策和管理模式，转向环境与发展紧密结合的可持续发展管理模式。为此，又制定了"中国 21 世纪议程——四川行动计划"。该行动计划的主要内容具体包括三方面：经济可持续、人口可持续和资源环境的可持续。将四川省经济、人口、资源、环境、生态等领域重大问题的解决融入可持续发展整体战略部署之中。结合四川省的国家级可持续发展实验区，建立了一批省级可持续发展实验区，以此推进区域可持续发展的探索(图 1.2)。

图 1.2　四川省可持续发展实验区分布图

1.4　研究述评

可持续发展的概念是在 20 世纪 80 年代明确提出的，但对发展的度量研究从 20 世纪 60 年代就已经开始，持续发展度量研究为可持续发展的研究奠定了基础。每个阶段，其研究的方法和侧重点略有区别：自 20 世纪 90 年代中期以后，国内外对可持续发展的研究以动态、定量研究为主，在此之前基本以静态、定性研究为主。目前有关指标及其定量评价方法研究是当前可持续发展研究的前沿和热点[30]。可持续发展指标体系既是理论研究的一个基本科学问题，也是实践操作中的一个核心问题[31]。自 1992 年《21 世纪议程》制定以来，各国对度量可持续发展的指标体系的关注日益增多[32]，相关研究也不断深入，并取得了大量成果。

本书主要从三个角度对基于可持续发展实验区视角研究人口、资源、环境协调发展做了探索：可持续发展实验区建设研究、可持续发展实验区区划研究、可持续发展实验区指标体系构建与评价研究。下面分别从国内外两个层面对这三个研究方向进行评述。

1.4.1 国外研究综述

1.4.1.1 社区式的可持续发展实验区建设研究

国外关于可持续发展的研究主要是依托社区发展展开的，美国则是最早在理论和实践方面探索社区工作的国家。1915 年，美国社会学家弗兰克·法林顿（Frank Farrington）在其发表的作品 *Community Development：Small Towns Will be Built More Suitable for Living and Business* 中率先给出了"社区发展"的概念，并指出为改善居民生活，将小城镇建设作为社区发展的目标[33]。1928 年，美国社会学家 Steiner 在其著作 *USA Community Work* 中表明了社区发展在社会结构转变过程中的重要作用[34]。

联合国则是现代意义上"社区发展"的真正推动者。1955 年，联合国发表了专题报告 *Through Community Development to Promote Social Progress*，该报告指出，"可以暂时把社区发展定义为旨在通过整个社区的积极参与和全面依靠社区的首创精神，来为社区建立经济条件和社会进步的一种过程"。联合国的初衷是尝试着通过"扶贫性"开发，促进发展中国家农村地区的经济发展和社会进步，渐渐扩展到城市地区诸如贫民区和城市住房改造等社区援助项目。至此，动员社区居民积极参加社区建设，与政府协同促进经济增长和社会进步成为社区发展的目的[35]。

目前，全国范围的社区发展计划已在世界上 100 多个国家获得认可与实施，社区发展作为一项世界性的运动已蔚然成风。虽然受各国社会文化环境差异的影响，社区发展的内容与形式并不一致，但就其在国家整体经济社会发展战略中的定位而言则是社会发展的一种形式、方式或阶段。经过多方面分析与总结发现，国外关于可持续社区发展的研究大致表现在三个方面：①居民环境意识调查[34]、可持续社区的可持续性教育[36]等以人为本的可持续社区建设研究；②房屋重建及可持续的低收入社区建设[37]、可更新能源在大学校园的应用[38]等的可持续社区建设方法与应用研究；③基于互联网的空间管理技术等[39]的可持续社区建设的模型与技术研究[40]。并且归结起来，其做法也有一些值得借鉴之处。①社区发展与当地社会经济发展相适应：针对社区本身的问题和社区居民的迫切需要出发，制订社区发展的计划和项目，通过努力改善社区经济、社会和文化状况，达到了社区发展自身的标准，从而实现社会发展的目标，谋求社区发展与社会发展的和谐一致。②社区居民是社区发展的主体：社区发展强调社区成员的主导作用，认为只有动员社区居民积极参与和自治，培养社区意识，不断增强社区凝聚力，才能获得社区自身的真正发展。③全面规划，多方面协调：社区发展本身就是在一定地域范围内的工作与活动，势必会涉及本地区各个有关方面之间、本地区与邻近地区或上级辖区之间等多方面的关系。因此，在实际工作中，相互协调与配合对于制订某些规模较大、需群策群力的计划项目，实现社区的综合发展意义重大。④社区发展与传统文化、习惯和风俗相融合：若社区发展能够与当地居民固有的文化传统和习惯风尚相融合，当地居民则更易于接受社区项目的发展和推广，这一点在少数民族社区的效果尤为显著。⑤立足长远，循序渐进：社区发展是针对地区的整体发展目标而进行的一项长期性、综合性工作，并非短期就可获得成效。因此，必须按阶段划分工作目标，做好长期坚持的思想准备，循序渐进增强社区凝聚力[41]。

1.4.1.2 可持续发展实验区区划研究

国外区划工作可以回溯到 18 世纪末到 19 世纪初[42]。地理学区域学派的奠基人赫特纳（A. Hettner）指出，区域就其概念而言是整体的一种不断分解，一种地理区划就是将整体不断分解成为它的部分，这些部分必然在空间上互相连接，而类型则是可以分散分布的。19 世纪初，近代地理学的创始人、德国地理学家洪堡（A. von Humboldt）首创世界等温线图，指出气候不仅受到纬度的影响，而且与海拔、距海远近、风向等因素有关，并把气候与植被的分布有机地结合起来。与此同时，霍迈尔（H. G. Hommeyer）也提出了地表自然区划和区划主要单元内部逐级分区的概念，从而开创了现代自然地域划分研究。1898 年，Merriam 对美国的生命带和农作物带进行了详细划分，这是世界上首次以生物作为分区的指标。1899 年，俄国的道库恰也夫（V. Dokuchaev）根据土壤地带性发展了自然地带学说，指出气候、植被和动物在地球表面的分布，皆按一定严密的顺序由北向南有规律地排列着，因而可将地球表层分成若干个带。1905 年，英国生态学家A. J. Herbertson 提出了世界自然区的方案。罗士培（P. M. Roxby）、翁斯台（J. Eun-stead）提出类型的和区域的两类区划概念，丰富了自然区划理论。1939～1947 年，苏联科学院完成自然历史区划工作。总体说来，由于认识的局限性和调查研究得不够充分，国际上早期的区划工作主要停留在对自然界表面的认识上，缺乏对自然界内在规律的认识和了解，区域划分的指标也只采用气候、地貌等单一要素。无论是赫伯森（A. J. Herbertson）提出的全球自然区方案，还是费尔曼(N. M. Fenneman)的美国地文区划，划分结果事实上都还是属于单要素区划。这种情况一直持续到 20 世纪 40 年代。20 世纪 40 年代以后，应政府和农业部门的要求，俄罗斯学者开展了综合自然区划研究，对综合自然区划的理论和实践做了较系统的研究和总结。格里哥里耶夫和布迪科提出了辐射干燥指数概念，并概括了全球陆地的自然地带周期律。1968 年，莫斯科大学地理系编著出版了《苏联自然地理区划》。

与此同时，生态区划研究也有了较大发展。美国学者贝利(R. G. Bailey)认为区划是按照其空间关系来组合自然单元的过程，并将地图、尺度、界线、单元等工具或概念引入生态系统区划中。1976 年，他首次提出了生态地域划分方案，从生态系统的观点对美国生态区域进行了划分，旨在不同尺度上管理森林、牧场和有关的土地。1989 年，他进一步编制了世界生态区域图。贝利的工作引发了各国学者对生态自然地域划分的原则、依据，以及区划指标、等级和方法的大量研究和讨论。

纵观各国的研究工作，多数国家仍以自然生态系统的地域划分为研究对象，很少考虑到作为主体的人类在生态系统中的作用。最近十多年来，国际区划工作出现了若干新趋势。一方面，是继续深入地探讨有关的区划理论方法，构建更为严密、完整的区域划分体系，完善、深化对人地系统及其地域分异规律的认识；另一方面，区划研究必须考虑人文因素的呼声越来越高。人口、资源、环境和发展问题对区划研究工作提出了更高的要求。

1.4.1.3　人口资源环境协调发展指标体系与评价研究

现有的可持续发展的各种指标及其计算方法都通过评价自然环境、经济和人文系统的表现来反映一定的政策对环境、经济、社会的影响[42]。国际上常见的可持续发展指标体系大致可以分为以下三类。

1. 系统理论和方法指导构建的指标体系

联合国可持续发展委员会(United Nations Commisson on Sustainable Pevelopment，UNCSD)于 1996 年创立了驱使力(driving force)—状态(state)—响应(response)指标体系(DSR 指标体系)[33]。该指标体系共有 134 个指标，涉及社会、经济、环境和制度四个方面，是目前影响力较大的评价工具。但 DSR 指标体系因所选取具体指标数量过多，其指标在分类方面难免层次、粗细分解不均，其中的压力指标和状态指标间的界定存在不太合理的现象，增加了其不确定性。

联合国统计司(United Nations Statistics Division)于 1994 年提出了可持续发展指标体系框架结构(FISD)。该体系共 31 个指标，与 UNCSD 构思相似，遵循"压力—状态"体系的思路建立，即社会和经济活动对应于"压力"、影响、效果与储量，存量及背景条件对应于"状态"，影响与响应对应于"响应"[43,44]。其不足之处和 DSR 指标体系一样，因涉及指标数目过多而在指标分类和属性上显得混乱。

2. 基于环境金钱分析的指标体系

世界银行于 1995 年 9 月 17 日提出衡量可持续发展的"新国家财富"指标体系。该体系不只是用"收入"(income)而是用"财富"(wealth)作为出发点，包含了自然资本、生产资产、人力资源、社会资本四大要素，来判断各国或各地区的实际财富及可持续能力随时间的动态变化情况[45,46]。该指标体系体现了生态、经济、社会可持续发展的核心理念，更加丰富和合理地表达了可持续发展的内涵，特别是提出了储蓄率(rate of genuine saving)的概念，对其持续发展的动态性进行表达。但它以单一的货币值衡量不同发展阶段和不同文化背景的国家财富，显然存在较大的难度，且该体系忽视了空间的差异性，造成地理空间不均衡，使其在衡量时间过程的动态变化中不能得到很好的体现。

3. 具体的生物物理量衡量指标

20 世纪 80 年代末，美国生态学家奥德姆(H. T. Odum)在系统生态学、能量生态学、经济生态学及生态工程学的基础上发展提出了系统可持续发展的能值理论[47]。能值理论在学术界产生了广泛的影响，被认为是连接生态学和经济学的桥梁，具有重要意义[48,49]，因而在全球范围内的应用越来越广泛。1997 年，意大利生态学家 Ulgiati 和美国生态学家 Brown 首次提出了 ESI 能值指标[50]，这是能值理论的一大进步，从此有了评价可持续发展能值的综合指标，能值理论因而也更加完善。

20 世纪 90 年代初，由加拿大资源生态学教授里斯(W. E. Rees)和 Wackernagel 等提出和完善了衡量可持续发展状况的生态足迹模型(ecological footprint，EF)，也称作生态占用。生态足迹方法通过对生物生产面积的计算来实现对区域发展可持续性的定量测度。生物生产性面积是通过对各种能源和能源消费项目进行折算得到的，主要有以下六种类型：化石能源地、可耕地、牧草地、森林、建成地、海洋[51]。该模型把可持续性、公平和发展有效地联系起来，计算结果具有较强的可比性，但其生态描述片面，忽视了自然系统提供资源、消纳废物的功能，结果只能反映经济决策对环境的影响。另外，此模型也存在着很多不完善的地方，如静态分析不能反映动态趋势等，所以在应用时应进行相应的调整。

1.4.2　国内研究综述

1.4.2.1　可持续发展实验区建设研究

国内对于可持续发展实验区的研究始于 20 世纪 80 年代。作为探索和实践可持续发展理论的重要载体，实验区的发展建设受到诸多关注，国内许多专家、学者都对其进行了研究。经过近 30 年的探索，随着发展阶段的不断深入，实验区建设已在多方面取得了丰硕的研究成果，归纳概括其主要研究内容大致包括以下三个方面。

1. 理论研究

在实验区建设的起步阶段，其研究内容大多都是一些关于实验区发展的概况、意义、影响或建设内容等方面进行的理论层面的定性分析，研究对象较浅显、单一；并且除可持续发展理论这一根本理论的应用外，实验区建设还涵盖了一些其他理论。例如，徐俊从定义及特点入手，对系统工程方法论展开讨论，并从结构模型化、系统分析、综合评价等方面对常用的系统工程方法进行了分析，最后运用层次分析法（analytic hierarchy process，AHP）方法即层次分析等方法对我国可持续发展实验区进行综合评价[52]；王志强运用技术创新扩散理论，以实验区的发展建设和传播扩散过程为研究对象，通过构建实验区扩散过程模型和扩散过程分析理论框架，对我国可持续发展实验区的发展和扩散现状进行了实证分析[53]。

实际上，由于我国的可持续发展理论起步较晚，试验区开始建设的时间较短，我国可持续发展实验区的理论研究并不成熟，尚处于摸索阶段。

2. 评价研究

随着对实验区研究的日益深入，其研究主体由纯粹的理论分析拓展到理论与实践相融合；研究方法从简单的定性分析提升到定性和定量分析并重，问卷调查法、公式计算法、层次分析法、主成分分析法等统计分析方法不断出现在实验区研究中，更有评估模型的分析与利用，且增加了实证分析的内容[42]；研究尺度则涵盖了全国、省、市、县等社会各层次、各领域，表现出计量手段多样化、研究方法精细化和研究尺度全面化的特点[54]。

在由理论向实践的推进演化过程中，可持续发展水平和协调性评价成为新的研究方向，但是目前有关可持续发展评估评价方面的研究大部分都只提出了作为评价的重要组成部分的指标体系。例如，中国 21 世纪议程管理中心、国家统计局科研所、中国科学院可持续发展战略小组等都从国家层面提出了可持续发展指标体系，还有一些专家学者从省级层面出发，如毛汉英以山东省为例[55]、中国科学院可持续发展研究组以云南省为例提出可持续发展指标体系[56]。

李善峰从区域的角度将实验区看作一种新的经济社会生态复合系统，结合系统论的观点，从定性和定量相结合的角度入手，建立了山东省日照国家级实验区的可持续发展指标体系[57]。

有的只是单纯论证各代表实验区发展的协调性，如徐俊为评价县域国家级实验区的发展协调性，在分析其特点的基础上，构建了评价指标体系，在选择好指标标准化的处理公式和权重系数的确定方法后，给出了协调度计算的一般形式和常见的计算方法，并通过 14 个县域实验区的实际数据分析结果，对其实际有效性做出了验证[58]。

曹立新等在分析了郑州市惠济区的具体情况后，借鉴周永章教授提出的NREF 可持续发展模式，设计了评价指标体系，在方法上采用模糊综合评价实证分析该实验区的循环经济发展水平[59]。

3. 建设经验及路径探索

这部分的研究内容主要是根据实验区的现状分析，总结出建设经验，并提出新的发展途径构想。近年来，山东省、浙江省、广东省等省份实验区建设数量较多，建设思路清晰，定位准确，利用可持续发展观念，整合经济、社会、科技、人口、自然环境等资源，抓住机遇快速发展，实验区各项工作成绩斐然，积攒了大量的经验，为其他省份的实验区发展提供了良好的示范效应和经验借鉴。例如，刘建成和陈志强从发展范围和发展模式两方面对福建省可持续发展实验区的发展状况进行了阐述，在总结其自成立以来的建设经验的同时，对未来该区域实验区的发展提出了若干建议[60]；冯贞柏从广东省江门市新会区实验区建设过程出发，在介绍该实验区的基础条件、建设优势和制约因素的基础上，对其成功经验进行了分享[61]。

总结这些典型实验区的发展经验与建设建议表明：实验区建设需坚持可持续发展理念，结合当地的地理优势和经济发展特点，通过政府的主导作用，发动公众参与，更新发展观念，创新发展思路，提炼当地的发展理念和精神，在注重环境保护的基础上，加强科技引导与技术创新，自主探索建设各具特色的可持续发展模式。例如，坚持生态建设，围绕"水源保护、绿色发展、生态富民、统筹城乡"的建设主题展开的山东省潍坊市峡山生态经济发展区[62]；强调可从根本上消除环境与发展之间长期以来的尖锐冲突，实现社会经济与自然生态和谐共生，构造区域循环经济体系，实现低碳经济的沈阳铁西区国家可持续发展实验区[63]。

1.4.2.2 主体功能区划研究

2010 年年底，国务院印发了《全国主体功能区规划》。党的十一届全国人民代表大会第四次会议通过的"十二五"规划纲要,对我国未来五年推进主体功能区建设的任务作了具体部署。这是使我国走上科学发展轨道的一项重要战略举措。"十二五"规划纲要与"十三五"规划纲要同时强调了区域总体发展战略和主体功能区发展战略,把两个战略放在并驾齐驱、双管齐下的位置,这体现了在区域调控上的创新思维。作为一项重大的理论与政策创新,主体功能区战略的实施将按照分类调控模式进行,并需要用管理上的创新来及时应对这一过程中出现的新问题。国家"十一五"规划纲要明确提出"根据资源环境承载能力、现有开发密度和发展潜力,统筹考虑未来我国人口分布、经济布局、国土利用和城镇化格局,将国土空间划分为优化开发、重点开发、限制开发和禁止开发四类主体功能区",并进一步将四类主体功能区界定为"优化开发区域是指国土开发密度已经较高、资源环境承载能力开始减弱的区域。重点开发区域是指资源环境承载能力较强、经济和人口集聚条件较好的区域。限制开发区域是指资源环境承载能力较弱、大规模集聚经济和人口条件不够好并关系到全国或较大区域范围生态安全的区域。禁止开发区域是指依法设立的各类自然保护区域"[64]。

主体功能区的提出创新了发展理念。采用资源环境承载能力的概念,建立起具有创新性的新开发理念。在以往国家的发展规划中,没有提到区域的主体功能。而在"十二五"规划纲要与"十三五"规划纲要中,接连对主体功能区作了大段陈述。在"十二五"规划纲要中,甚至把实施主体功能区战略与实施区域发展总体战略放在等量齐观的位置,作为区域结构战略性调整的重点内容,这反映了党中央、国务院对实施主体功能区战略的高度重视。"十一五"规划纲要提出,"根据资源环境承载能力、现有开发密度和发展潜力,统筹考虑未来我国人口分布、经济布局、国土利用和城镇化格局,将国土空间划分为优化开发、重点开发、限制开发和禁止开发四类主体功能区,按照主体功能定位调整完善区域政策和绩效评价,规范空间开发秩序,形成合理的空间开发结构"。"十三五"规划纲要提出:落实主体功能区规划,发布全国主体功能区规划图和农产品主产区、重点生态功能区目录,以主体功能区为基础统筹各类空间性规划,推进"多规合一"。在上述概念中,资源环境承载能力,是一个基本的理论词汇。所谓资源环境承载能力,是指在某一时期和某种环境状态下,某一区域环境对人类社会经济活动支持能力的限度。通常,资源环境承载能力受两个方面因素的影响:资源环境容量、开发强度和密度。而这两个因素都在一定时期是可变的。一方面,资源环境容量并非一成不变;另一方面,开发密度和强度的变化也影响到资源环境承载能力。

双管齐下体现区域调控的创新思维。"十一五"规划和"十二五"规划的重要创新之处,在于同时强调了区域总体发展战略和主体功能区发展战略,把两个战略放在并驾齐驱、双管齐下的位置,显示两个区域战略都十分重要,缺一不可。在具体的文字表述中,并没有以主体功能区战略替代区域发展总体战略,或者强调区域发展总体战略而忽略主体功能区战略，这说明两个战略是互补、和谐共生的，而不是相互矛盾或者相互否定的。认识到这一点，对于正确理解主体功能区战略极其重要。

1.4.2.3　人口资源环境协调发展指标体系与评价研究

国内关于可持续发展指标体系的研究略晚于国外，我国学者从 20 世纪 90 年代开始对其进行研究，主要成果从以下几个方向来描述。

1. 国家层面

国家统计局统计科学研究所和中国 21 世纪议程管理中心提出了中国可持续发展指标体系。该体系从经济、人口、社会、资源、科教、环境六大领域[65]提供描述性和评价性两种指标。描述性指标共有 196 个，评价指标共有 100 个，二者在经济领域分别为 38 个和 19 个，在人口领域分别为 13 个和 8 个，在社会领域分别为 32 个和 17 个，在资源领域分别为 51 个和 20 个，在科教领域分别为 14 个和 8 个，在环境领域分别为 48 个和 28 个[66]。该体系考虑了六大领域之间的协调度，包含的信息较为全面。

中国科学院可持续发展战略小组依据系统学的理论和方法，提出了"五级叠加、逐层收敛、规范权重、统一排序"的可持续发展指标体系[67]。该体系将持续发展视为由具有相互联系的五大子系统构成的复杂巨系统的正向演化轨迹，分为总体层、系统层、状态层、变量层和要素层五个等级，包含 47 个指数和 249 个要素[68]。该体系涉及的指标较多，系统较为庞大，在使用时难免存在一定的难度。

北京大学张世秋在《可持续发展论》一书中提出了由社会发展、经济、资源环境、制度四大类因素组成的可持续发展指标体系[69]。该体系每个大类因素分为压力指标、状态指标、响应指标，共计 169 个指标[70]，详见表 1.1。

表 1.1　各类指标数量　　　　　　　　　　　　　　　　（单位：个）

因素	压力指标	状态指标	响应指标	合计
社会发展	14	16	9	39
经济	10	19	6	35
资源环境	28	28	23	79
制度问题	—	3	13	16
合计	52	66	51	169

2. 省级层面

中国科学院地理科学与资源研究所毛汉英在研究可持续发展时，以山东省为例，提出了由经济增长、资源与环境支持、社会进步和可持续发展能力四个方面组成的指标体系。该体系包含 4 个系统层、90 个指标，对山东省改革开放 16 年来的区域发展进行综合评价[55]。中国科学院可持续发展研究组杨多贵、陈劭锋、王海燕等以云南省为例，从数量维的角度与质量维的角度对区域可持续发展的"发展度""协调度"和"持续度"给予综合评判[71]。

3. 地市（县、区）层面

谢剑峰、刘力敏、杜金梅等提出了由经济发展子系统、环境资源子系统和社会民生子系统组成的河北省县域可持续发展指标体系。该体系由 3 大类共计 18 个评价指标组成，对河北省县域的可持续发展进行了综合评价[72]。另外，冯玉广、王君等设计山区县可持续发展指标体系[73]。

4. 其他类型

崔灵周、李占斌、马俊杰等以陕北黄土地高原为例，设计出了包含可持续发展综合指数、人口状况等 5 个基本指标和人口自然增长率等 30 个元素指标的层次性指标体系[74]。沈镭和成升魁根据人类、支撑及自然三个亚系统建立了川滇藏接壤地区的区域可持续发展指标体系[75]。冷疏影和刘燕华建立了中国脆弱生态区可持续发展指标体系[76]。近年来，该领域的研究已成为我国研究的热点，但是基本的指标框架结构并没有发生太大的变化。

1.5 研究技术路线

可持续发展往往取决于资源和环境的可持续。经济社会的发展在很大程度上是人口、资本和产业集聚的结果；以经济指标为度量的区域发展水平，往往导致区域通过对资本、产业、劳动力的过度吸纳来达到发展目标。基于"容量研究""合理分布研究""协调度发展研究"来探讨经济、社会、人口、资源、环境协调机制下的区域发展模式。同时考虑到科学发展观的核心——"以人为本"，在系统研究之前可以以"人口资源环境"为区域发展模式的核心。城镇与其所在区域具有地域上的开放性和边界的模糊性。城镇的生产、市场、技术、资金等经济活动要素，必然要按照市场经济规律和经济的内在联系及自然地理条件，突破城区的行政界限，形成城乡协同区域，双向互补。因此，城乡协调发展是社会发展的必然趋势，生产力发展到一定水平时，城市和乡村成为一个相互依存、相互促进的统一体，充分发挥城市和乡村各自的优势和作用，即乡村要确保农业的现代化，为城镇的发展提供资源和市场，城乡的劳动力、技术、资金、资源等生产要素在一定范围内进行合理交流和组合；在空间上，城市和乡村互为环境，生态协调、环境优美，人们享有充分的自由，形成一种城市和乡村稳定、持久的结合。城乡交融发展，使城乡系统的整体功能日益提高。

　　可持续发展实验区最早以县级行政区为申报单位，在区域发展特征的认定上多从县域的环境、资源和经济社会特征方面做微观的估量和评价，较少考虑区域外部的诸多因素对区域发展的影响；《全国主体功能区规划》制定和实施以来，由国家层面到省级层面，主体功能由上而下地突出区域主体功能（即区域定位）；在这种情况下，制定区域发展目标必须遵循的区域协调性机制已成为共识；明确可持续发展实验区在省域的主体功能区规划中的所属类型区是协调性的前提。在人口数量巨大、人均资源量有限、区域发展不平衡的情况下，在区域统筹的前提下，因地制宜地拟定各"子区"发展策略，达到区域综合经济效用和社会效用的最大化，是主体功能区划的意义所在。以可持续发展思想统领的主体功能区划，突出对环境敏感性、资源协调性和基础服务能力的评价，将发展趋势定量化、指标化，可为"主体功能区"的界定提供理论依据和科学参考。同时，以主体功能区来考量四川省可持续发展实验区的发展策略，可以评价已设立的可持续发展实验区的科学性和可行性，对可持续发展实验区的设立和发展提供指导，同时，在四川省内，使各区域在明确自身发展定位的前提下，找准区类归属，以已设立的可持续发展实验区类型为典范，结合自身实际，制定合理的发展战略，达到真正意义上的可持续发展。

　　研究从可持续发展和主体功能区划理论入手，在定量和定性的区划方法上分析考评，选择适合四川省可持续发展实验区的区划原则和方法，创建主体功能区划指标体系，夯实区划的数据基础，努力提高区划的科学性，进行主体功能区划的有益尝试，创新区划思想，完善区划体系，区划结果有较高实践价值和理论意义。

　　通过对主要研究内容的梳理，设计本书研究的技术路线（图1.3）。本书基于"容量研究""合理分布研究""协调度发展研究"来探讨经济、社会、人口、资源、环境协调机制下的区域发展模式，揭示可持续发展实验区的共同本质，即与空间位置无关的、深层次的、共同的协调发展机制。在此基础上，总结出每个区域发展模式的特点并提出发展建议与对策。通过"容量"研究探讨不同背景的区域承载力，以数据和定量分析方法测度诸如区域社会经济发展程度、耕地、水资源、能源、环境容量等多系统的承载力；通过"合理分布研究"指导四川省根据经济、社会、资源、环境的分布来"合理布局"发展空间；通过建立影响四川省可持续发展实验区协调发展的指标体系，即 PREE 系统[①]，采用多种数学方法，从定性与定量两个方面，对四川省可持续发展实验区的协调性进行分析和评价，并提出相关措施。

---

　　① P 为 population（人口），R 为 resource（资源），第一个 E 为 environment（环境），第二个 E 为 economy（经济），S 为 sociology（社会）。

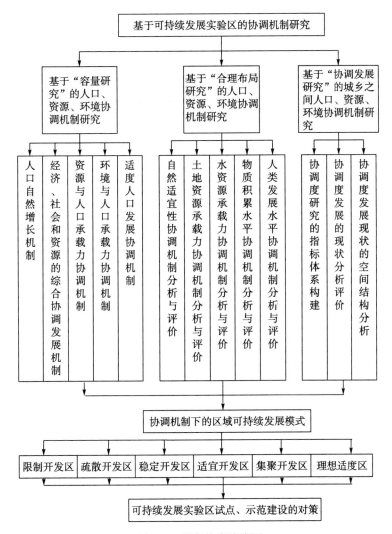

图 1.3　研究技术路线图

第2章 国家及四川省可持续发展实验区建设概况

2.1 国家可持续发展实验区建设历程

2.1.1 可持续发展实验区缘起

可持续发展实验区是从 1986 年开始,由原国家科学技术委员会(今科学技术部)、原国家计划委员会(今国家发展和改革委员会)等政府部门和地方政府共同推动的一项地方可持续发展综合实验试点工作,当时称为"国家社会发展综合实验区",后于 1997 年 12 月更名为"国家可持续发展实验区"。可持续发展实验区是贯彻《中国 21 世纪议程》和可持续发展战略的基地,是全面建设小康社会的实验基地和示范基地。

可持续发展实验区的开发和建设中可持续发展理论在中国不断探索和实践,其建设 20 多年以来,遇到了无数的困难和险阻,同时也取得了一定的成就。据国家相关部门调查数据显示,截至 2014 年 3 月,中国已经建立起国家可持续发展实验区 160 个,各省建立省级可持续发展实验区 180 余个,遍及全国 90% 以上的省、市和自治区。

1978 年以来,改革开放在我国不断深入,中国的经济得到了快速发展,与此同时呈现出城乡矛盾、工业用地占用过多农业用地、物质文明和精神文明一硬一软、环境污染等诸多问题。1986 年,在国家有关部门的主导下,具有代表性的常州市、华庄镇苏南模式被选作第一批地方性可持续发展综合示范试点,用于探索中国持续发展道路。

1992 年 8 月 1 日,国家科学技术委员会(今科学技术部)、国家经济体制改革委员会(今已终止运行)联合颁发《关于建立社会发展综合实验区的若干意见》[77](国科发 517 号文件),明确提出了在全国分两个逐步开展建立社会发展综合实验区的任务;提出建立实验区的意义,以及对我国国民经济和社会发展的影响,建区的对象、标准和重点工作。在上述工作的基础上,由 22 个国务院部委管理的国家局、人民团体组成的"国家社会发展综合实验区协调领导小组"成立,为实验区工作的全面开展奠定了组织基础。

　　1994 年 5 月，党中央、国务院召开的全国科技大会上提出了科教兴国战略，并在《中共中央、国务院关于进一步推动我国科技进步的决定》中明确提出："全面实施《中国 21 世纪议程》，建立一批综合实验区。"这标志着综合实验区工作已从部门行为转变为国家任务。

　　截至 1996 年 12 月底，实验区的建设工作已开展 10 年，其建设也取得了相应的成果：国家级实验区已发展到 26 个，省级实验区达到 45 个，并根据情况可以分成四大类型：城区型、城郊型、建制县（县级市）、建制镇。通过 10 年的探索，各类实验区覆盖全国 23 个省、市、自治区，形成了可持续发展的战略基地，并带动了各地区经济的良好发展，引起了社会和民众的积极响应。

　　1997 年年底，在结合实际并认真总结、吸收国外先进经验的基础上，国家进一步加大了可持续发展实验区的宣传和推广力度，并决定在全国 16 个省（市、地区）开展地方《21 世纪议程》试点工作[78]。1997 年 12 月，实验区协调领导小组在认真调研、分析和总结各地区实验区情况后，向国务院办公会作了全面汇报工作，并根据国阅[1998]15 号文件，正式把"国家社会发展综合实验区"更名为"国家可持续发展实验区"[79]，这标志着可持续发展实验区正式形成。

　　历经 20 多年的推进，实验区按照可持续发展的要求，在大城市改造、小城镇建设、社区管理、环境保护及资源可持续利用、资源型城市发展、旅游资源的可持续开发与保护等方面积累了丰富的经验，实验区在实践中依靠科技创新开展实验示范，探索不同类型地区的经济、社会和资源环境协调发展的机制和模式，为不同类型地区实施可持续发展提供示范样板和引领带动作用，为推进国家可持续发展战略实施提供了积极、有益的尝试，也为推动《中国 21 世纪议程》积累了重要经验。

2.1.2　可持续发展实验区发展阶段

　　可持续发展实验区是为了推进中国地方的可持续发展而产生的，是一项具有中国特色的地方性可持续发展模式。实验区从产生到现在，大体经历了以下三个阶段。

1. 社会发展综合示范试点阶段（1986～1993 年）

　　20 世纪 80 年代中期，我国很多地区经济得到了较快发展，同时也出现了人口素质不高、环境污染等问题，并影响了经济社会的进一步发展。在这种情况下，原国家科学技术委员会（今科学技术部）和国务院于 1986 年在江苏常州和锡山区华庄镇开展城镇社会发展综合示范试点工作[80]。

　　这一阶段工作的主要内容是针对经济、社会发展过程中所产生的一些社会问题，在当地政府的领导及有关部委、团体的支持下，按照试点规划方案的相关要求，艰苦奋斗，最终提高经济、社会、环境的综合效益，并促进社会与经济的协调发展。

2. 社会发展综合实验区推进发展阶段（1994～2002 年）

在 1986 年的试点工作取得显著成绩后，为了加快经济发展，扩大开放的力度，进一步扩大试点工作的建设范围，国家提出了新的工作任务。

1992 年，国家提出在总结试点工作的基础上，吸收其先进的工作经验和优良成果，决定扩大试点规模和范围，有节奏、有规划地建立社会发展综合实验区，并成立了实验区协调领导小组，实验区工作由此步入了经常性、规范化的阶段[81]。

1994 年，国家第一次提出了《实验可持续发展战略，推进社会发展综合实验区建设》的意见，各实验区根据此意见的相关要求开始实施地方行动计划，并把各实验区建设成实施《中国 21 世纪议程》的基地[82]。

截至 1996 年年底，国家级社会发展综合实验区的数量达到 26 个，省（市、区）级的社会发展实验区达到 45 个[83]。

1997 年 12 月，"社会发展综合实验区"更名为"可持续发展实验区"。此后在实验区协调领导小组的组织和领导下，开始从地方选择具有代表性和示范性的中小城市、县、镇及大城市城区，进行全面的实验和示范并先后制定了实验区管理办法及其验收管理办法。

3. 提高可持续发展实验区建设水平、向创建可持续发展示范区目标迈进阶段（2003～2009 年）[84]

截至 2006 年 10 月，在全国范围内建立实验区 58 个，涉及全国 20 多个省（市、区）。

在稳步推进实验区工作的基础上，国家计划启动和开展国家可持续发展示范区工作。围绕新时期国家战略目标和任务，实验区在不断总结经验的基础上及时调整工作任务和目标，创新实验区工作思路和方法，研究、制定实验区的规划和管理办法，开拓实验区工作的新局面。

经过三个阶段的建设（图 2.1）。20 多年持之以恒地推进，实验区从试点开始，以可持续发展为主线，逐步扩展，其建设已经成为我国实施国家可持续发展战略的重要实验示范基地[85]。总之，我国已起步走向可持续发展之路，也取得了一些令人欣慰的成果，但未来依旧任重道远，因此必须不断转变发展观念，依靠科技进步，在制度、管理、机制、技术、模式等方面加强创新，切实解决实验区建设过程中出现的种种难题，走出一条有中国特色的实验区建设之路。

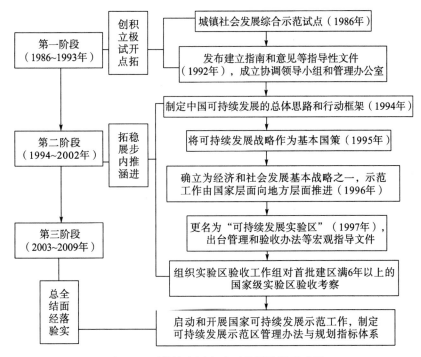

图 2.1　可持续发展实验区发展阶段示意图

2.1.3　可持续发展实验区分布

经过 20 多年的开发与建设，截至 2013 年 4 月，全国已建成 13 个先进示范区、148 个国家实验区，在举国范围内的 30 个省、直辖市及自治区都有分布，其分布特征如下。

1. 从发展阶段分析

根据实验区的建立时间判定其应属于的发展阶段[83]，做出表 2.1。

表 2.1　不同发展阶段实验区分布状况统计表

发展阶段	总量/个	西部		中部		东部	
		数量/个	比例/%	数量/个	比例/%	数量/个	比例/%
创立试点	11	1	9.09	1	9.09	9	81.82
稳步推进	29	6	20.69	11	37.93	12	41.38
全面发展	121	20	16.53	44	36.36	57	47.11
合计	161	27	16.77	56	34.78	78	48.45

　　总体来看，前两阶段在发展时间上虽相差无几，但发展速度却相差近 2 倍，共建有实验区 40 个；全面发展阶段（2003 年）至 2014 年用时 11 年，已建立实验区 160 个，数量上是前阶段的 4 倍有余。由此可以看出，随着发展阶段的逐步推进和完善，实验区的建设数量增长势头迅不可挡。结合地理区域来看，创立试点阶段建立的 11 个实验区中，中、东部地区就有 9 个，占总数的 81.82%，优势明显；稳步推进阶段建立的 29 个实验区中西部地区有 6 个，中部地区 11 个，中、西部地区占总数比例都有所上升，尤其是中部地区其至有赶超东部地区 12 个之势，东部地区占总数比例陡降 40.44%，依然以微弱优势占据首位；全面发展阶段西部地区建有实验区 20 个，数量上较前一阶段有所提高，但所占比例却不增反退，由 20.69% 降至 16.53%，中部地区也减少了 1.57 个百分点，东部地区实验区建设比例仍旧遥遥领先，并上升了 5.73 个百分点。因此，虽然目前各地区的实验区建设数量都有所提高，但从地理区域来看，实验区的分布状况并不均衡，大多数实验区都分布在东部，占总数比例的 48.45%，中部实验区建设发展状况良好，位居第二，占总数比例的 34.78%，西部实验区发展滞后，仅占 16.77%[56]。

2. 从发展类型分析

　　先根据实验区所属发展类型进行归并、整理[83]，按我国三大地理区域进行归纳做出表 2.2。

表 2.2　不同类型实验区分布状况统计表

类型	总量/个	西部		中部		东部	
		数量/个	比例/%	数量/个	比例/%	数量/个	比例/%
大城市城区型	51	11	21.57	12	23.53	28	54.90
中小城市型	59	12	20.34	22	37.29	25	42.37
县域型	39	3	7.69	19	48.72	17	43.59
城镇型	10	0	0	3	30.00	7	70.00

　　总体来看，我国实验区建设数量以中小城市型为最，多达 59 个，且东部地区比例最大，为 42.37%，中、西部地区则分别为 37.29%、20.34%；其次是大城市城区型，数量共计 51 个，其中，东部地区数量依然最多，且超过了中、西部地区之和，所占比例高达 54.90%，西部地区所占比例虽依然最少，仅为 21.57%，但已是西部地区在四种类型中的最高比例了；县域型实验区位居第三，共 39 个，是四种类型中唯一一个数量排序颠覆东、中、西方式的类型，西部地区有 19 个以微弱优势超过东部地区的 17 个；城镇型实验区共 10 个，主要分布在东部地区，所占比例高达 70%，剩余 3 个都分布在中部，目前西部在城镇型试

验区建设中依然是空白。由此可见，我国的实验区发展在类型上以中小城市型和大城市城区型为主[56]，且在地理区域上依然难逃东多西少的分布格局。

2.2　四川省可持续发展实验区建设历程

2.2.1　四川省可持续发展实验区的缘起

20 世纪 90 年代中后期，四川省的社会经济发展已面临资源种类丰富、总量大，人均占有量小，GDP(gross domestic product，国内生产总值)总量居西部首位，人均 GDP 仅占全国平均水平的 2/3，经济发展数量、质量与资源、环境的损耗不相适应，省内各地区之间发展水平极不平衡等现实矛盾。因此，实施可持续发展战略是四川省逐渐缓解甚至解决以上矛盾，走向可持续发展之路的唯一选择。

四川省省委、省政府非常重视可持续发展工作，并将实施可持续发展战略列入四川省省委、省政府议事日程。早在"四川国民经济九五计划及 2010 年远景目标纲要"中就明确了四川省经济发展要走可持续发展之路，提出了"以经济效益为中心，优化经济结构，改善生态环境，实施可持续发展"的指导方针[86]。而自 1994 年年底就开始筹备，历经多次修改的《四川 21 世纪议程》编制工作也已经完成，该议程明确提出了四川省可持续发展战略的指导思想和基本原则及重点目标和任务，为四川省可持续发展战略的贯彻实施提供了基本思路与科学指导[87]。

1997 年，四川省可持续发展工作的决策和领导机构——"四川省贯彻实施《中国 21 世纪议程》领导小组"正式成立，并由省长挂帅；1995 年 6 月，"四川省社会发展综合实验区协调领导小组"成立，1998 年，更名为"四川省可持续发展试点工作领导小组"，具体负责领导四川省可持续发展实验区和《中国 21 世纪议程》在地方层面的试点工作；1998 年 6 月，"四川省 21 世纪议程管理中心"正式挂牌，负责实施宣传培训、信息交流、项目实施、项目咨询评估等可持续发展战略的日常管理工作。至此，可持续发展战略的领导和组织管理机构已基本健成，为可持续发展工作的顺利推进提供了强大的组织保证[88]。

2.2.2　四川省可持续发展实验区的成就与模式

本着由点到面逐步推进的可持续发展工作安排，四川省已选择了一批不同类型的典型地区，积极开展可持续发展实验区试点工作。经过近 30 年的建设和发展，四川省的实验室创建工作已经取得了一定成就。截至 2013 年年底，四川省已成功创建了 4 个国家级和 9 个省级可持续发展实验区，其中成都市金牛区乃是首批国家级示范区之一（表 2.3）。依据各实验区的区域特点及发展条件，经过科学的实践验证，四川省已探索出了一些各具特色的实验区发展模式，如成都市金牛区的"统筹城乡发展"、德阳市广汉市垃圾处理的"广汉模式"、乐山市五通桥区的"循环经济"模式等，对四川省乃至全国的实验区建设都产生了良好的示范效应。

表 2.3　四川省可持续发展实验区统计表

类型	实验区统计情况		
国家级实验区	成都市金牛区（1994.7）		
	眉山市丹棱县（2012.4）	德阳市广汉市（1993.7）	乐山市五通桥区（2004.10）
省级实验区	广安市协兴镇（1994）	攀枝花市仁和区（1997）	雅安市雨城区（1998）
	成都市双流县（2008.12）	泸州市江阳区（2010.3）	南充市嘉陵区（2010.8）
	广安市（2012.2）	广元市利州区（2012.11）	宜宾市兴文县（2012.12）

1. 成都市金牛区——"统筹城乡"发展模式

金牛区位于成都市中心城区的西北部，全区辖 21 个街道、3 个乡和 1 个高科技产业园区，共 108 平方千米。1993 年 3 月，金牛区被四川省批准为成都市社会发展综合实验区；1994 年被批准为国家社会发展综合实验区，后来更名为国家可持续发展实验区，属于大城市城区型实验区。历经 14 年发展，金牛区通过不断调整实验区建设规划，关注当地经济社会发展的关键问题和重难点问题，明确实验区建设的重点任务和主要目标，形成了具有当地区域特色的可持续发展机制和模式，终于在 2008 年 10 月成功获批为全国首批国家可持续发展先进示范区之一。

金牛区"统筹城乡"的示范主题得到了评审专家们的高度关注与一致肯定，成为全国首批示范区中唯一承担"统筹城乡"发展示范任务的单位。按照科学发展观的要求，金牛区提出了"发挥一个作用，实现三个率先"的示范区创建总体定位，并紧紧把握加快推进统筹城乡发展的主线和成都市建设全国统筹城乡综合配套改革试验区的良机，围绕建设和谐社会和全面建成小康社会的总体目标，深入实施"五大兴市战略"，大胆创新和探索，结合区情实际，继续深入实施可持续发展战略，使全区在经济实力显著提高、人民生活逐渐好转、社会事业整体发展、生态环境日趋改善的同时，努力形成"政府、企业和公众联动共建""经济、社会良性互动""资源共享、广泛参与"的建设机制，进一步促进全区的全面协调、共同发展[36]。

金牛区统筹城乡发展的示范主题在全国具有一定的率先垂范作用。在为全国可持续发展实验区累积丰富的实践经验、探索思路和理论基础的同时，基于区域内状况的相似性，它对成都市其他区县或四川省甚至于整个西部地区的其他区域具有更加鲜明的启示性和可借鉴性。

2. 德阳市广汉市——"广汉模式"

广汉市地处成都平原东北侧，面积共538.28平方千米，辖18镇6乡，属县级市。从1987年被批准为农村改革试验区开始，广汉市先后历经"四川省社会综合发展实验区""全国县级农村综合改革试点市"等建设发展，至1993年7月，终于获准建立"广汉市国家社会发展综合实验区"，成为我国西部地区的首个国家级实验区[3]。

早前，广汉市是一个以农业和乡镇企业为主，城市化水平低，社会事业落后的农业县[3]。在实验区创建后，广汉市依据当地的优势条件深入推进可持续发展战略，在农业发展方面，着力构建农业优势产业集群，推进农业产业化，形成了优质粮油、水果、无公害蔬菜、畜禽等生产基地，并创建了20余种农产品知名品牌，加速了该市农业向现代化迈进的步伐；作为成都都市圈、成都半小时经济圈和成绵乐经济带的重要组成部分，其工业发展以机械、医药等为主，发展势头强劲，位列"四川省经济综合实力十强县"之一，广汉省级经济开发区的产业集聚也已初见成效；第三产业发展则依托三星堆遗址的开发利用为龙头，融合雒城、龙居寺等旅游资源，市场化运作，规划建设旅游精品路线，倾力打造国际旅游品牌，建设文化旅游名城。

另外，广汉市采用"政府引导、部门协调、科技支持、企业运作、公众参与"的市场机制，通过"减量化、资源化、无害化、产业化和管理科学化"，开展城镇生活垃圾处理和资源化开发研究，将原来由政府一手包办的垃圾处理项目，在全国率先实现了公益事业企业化运作(图2.2)。"广汉模式"的不胫而走，推动了我国城市生活垃圾管理体制、措施和技术的发展与改革，垃圾综合处理环保产业逐步形成。通过可持续发展实验区建设，广汉市从西部一个相对落后的农业县发展成为一个现代化中小城市，在西部地区具有广泛的代表性[3]。

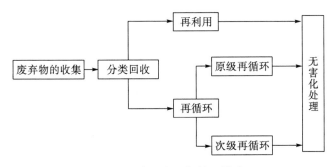

图2.2　广汉市垃圾处理模式

3. 乐山市五通桥区——"循环经济"发展模式

五通桥区地处四川省西南部，辖 11 镇 1 乡，共 154 个村和 20 个社区，辖区面积 464.66 平方千米。1998 年被四川省省委、省政府命名为"小康区"，是我国农村专业合作组织的重要发源地之一，作为四川省的老工业基地、丘陵区环境优美的山水园林城市代表，五通桥区自 1995 年起开始积极争创省级社会发展实验区，终于在 1998 年获得批准；经过认真开展各项建设工作，积极探索实践可持续发展道路，2004 年 10 月，五通桥区被批准为国家可持续发展实验区[3]。

五通桥区的可持续发展受到该区特有矛盾的制约，如化工产业发展与特色山水园林城市建设，社会经济发展与资源环境保护，城市发展迅速与农村相对滞后。在厘清了发展障碍之后，五通桥区选择用循环经济来解决难题。通过化工产业集聚，形成集中区，在加大技术研发力度、推行清洁生产的同时，区内企业互动发展，相互支撑，做宽做长盐磷化工循环产业链，促进资源高效利用。由此，从循环型企业出发，积极探索各个生产环节废弃物的减量化、再利用和再循环的实现途径(图 2.3)，构建环型产业、循环型社会，最终完成五通桥区"区内循环，配套利用"的循环经济建设试点到示范的转变。

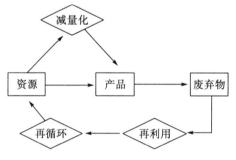

图 2.3　循环经济运行模式

沿着可持续发展之路，五通桥区把实施可持续发展战略和科教兴区战略紧密结合起来，以"落实科学发展观，构建和谐五通桥"为主题，围绕"奔富裕、求发展、促和谐、树新风"的中心任务，高度重视民生科技、生态重建和环境治理，针对当地化工产业特点，积极转变发展模式，开展节能减排和循环经济工作，使该区走出了一条全新的可持续发展之路。

4. 眉山市丹棱县——"生态经济"发展模式

丹棱县位于四川盆地西南边缘，全县面积 448.94 平方千米，辖五镇二乡，是全国第一个农村生态文明家园建设试点县、中国西部农村信息化建设示范县、四川省整体推进新农村建设示范县、国家级生态示范区、大雅堂故里和中国民间唢呐艺术之乡[89]。丹棱县的可持续发展实验区建设之路始于 2007 年构建省级生态县的发展要求，2009 年成为首个在四川省丘陵地区创建验收成功的省级生态县，并获批建设省级可持续发展实验区，至 2012 年 4 月，成功申报为国家可持续发展实验区。

丹棱县可持续发展实验区以生态经济发展为主题，从生态文明村庄建设做起，建设协调发展的生态板图。该县实验区建设坚持改善农村生态环境，通过"两池六改一集中"的改造工程，从源头控制农村环境污染，实现农村环境的生态化可持续发展。另外，丹棱县坚持生态建设与产业发展同步推进，生态农业以"猪—沼—果(桑、茶、林)"等为代表，建立了"畜禽—沼气—种植"的农业循环经济模式[90]和果、桑、茶、林四大生态产业带；生态工业在大力调整产业结构、推动产业升级换代的同时，严格环境准入制度，积极发展循环经济，建立清洁环保的生态工业体系；第三产业发展则以乡村生态旅游为主，通过开展桃花节、橙花节、枇杷节等活动，着力打造生态旅游休闲基地，由此，走出了一条具有丹棱特色的生态循环发展之路[91]。

第3章 基于资源-环境的四川省人口容量研究

3.1 引 言

3.1.1 研究背景

可持续发展是人类社会发展及追求生活的目标,党的十六大将"可持续发展能力不断增强"作为全面建设小康社会的目标之一。人口问题是可持续发展的关键,是可持续发展系统中最积极、最活跃的因素。

适当的人口空间布局是指一地的人口数量和人口结构应与当地的资源、环境和经济条件相匹配。人口分布不合理的现象在世界范围内普遍存在,对于自然环境来说,国家或地区人口过于拥挤或过于稀少都会影响甚至阻碍当地的经济发展。

人口数量增长和需求及社会、经济的发展都是建立在地区自然资源与环境基础上,并在自然可承载能力之内,只有这样才能达到人口、社会、经济、资源、环境相互协调统一,达到可持续发展。

可持续发展坚持"以人为本"。2004 年,胡锦涛同志在中央人口资源环境工作座谈会上进一步全面阐述了科学发展观的深刻内涵和基本要求,突出强调按照科学发展观的要求,扎实做好人口资源环境工作。2006 年,中共中央、国务院在《关于全面加强人口和计划生育工作统筹解决人口问题的决定》中指出,我国经济又好又快发展,都与人口数量、素质、结构、分布密切相关。2010 年,党的十七届五中全会做出全面做好人口工作的战略部署。2011 年,中共中央政治局就世界人口发展和全面做好新形势下我国人口工作进行第 28 次集体学习,指出要以人的全面发展统筹解决好人口问题,稳定低生育水平,提高人口素质,优化人口结构,促进人口与经济、社会、资源、环境协调可持续发展,进一步明确了全面做好人口工作的内涵和任务。国家"十二五"规划纲要明确提出,坚持把建设资源节约型、环境友好型社会作为加快转变经济发展方式的重要着力点。促进经济、社会发展与人口、资源、环境相协调,走可持续发展之路[91]。

不仅仅是处在发展中的中国对人口的发展和规划有一定的要求,全世界也是一样，随着社会的高速发展，强烈的经济活动和人口增长消耗了大量的自然资源，并且对人类生存空间和环境造成了巨大影响。人口剧增、气候变化及能源资源安全、粮食安全等全球性问题更加突出，这使得自然资源和环境面临巨大的压力。因此，人口承载力、适度人口等相关理论的相继提出在一定程度上指明了人口发展及其规划的方向。

四川省地处中国西南腹地，拥有 8000 万常住人口。2011 年 5 月 5 日，国务院正式批复《成渝经济区区域规划》，将成渝经济区列为国家重点开发区，是继长三角、京津冀、珠三角之后中国第四个经济增长极。

四川，这个拥有全国总人数 6% 的人口大省作为成渝经济区的重要依托，其人口与资源、环境、经济、社会之间的协调发展和可持续发展对成渝经济区未来发展的影响不容忽视。人口的数量、质量、结构、分布等，都影响到资源、环境及经济、社会发展。于是，合理的资源人口承载力是制定全省乃至整个经济区的人口发展战略所必须首先关注的关键问题。正是这样，只有将人口作为一个子系统纳入四川省人口、资源、环境、经济、社会这些复杂的大系统中，做出科学的分析和综合的考察，才能做出合理的目标决策。

再者，与最大人口承载力相关的适度人口规模（或理想人口）也是一个值得探讨的问题。适度人口规模概念多种多样（如静态或动态的经济适度人口、实力适度人口、环境适度人口等）且界定经常较为含糊。虽然现代社会人口的增长对许多自然或不可再生资源的需求早已远远超出其承载能力，适度人口的说法未免有些空谈，但是其作为人类对人口规模的理想与优化目标的追求，思考现有资源的拥有量和良性的生态循环，加以科技的进步，探讨远期某一地区究竟能养活多少人口，借以制定长期人口目标，优化人口规划，适度人口的研究对区域可持续发展的人口目标决策仍有重要意义。

3.1.2　研究综述

3.1.2.1　国内研究评述

1. 古典人口理论

西方人口承载力研究较早，形成了较为系统的研究理论与方法。西方最早的人口承载力研究可以追溯到古希腊时期，当时许多的哲学家对于人口及社会发展的观点都成为现代许多重要思想和理论的来源。柏拉图在其《理想国》中，主张一个具有与其供应相适应的适度人口规模的城邦。亚里士多德也在其著作中提出"一个城市人口应当维持相当的一个数目并保持静止状态"[90]。

亚当·斯密（Adam Smith）在《国富论》中论述道："一切种类的动物，自然地按它们的生活资料比例增殖，无论哪个科属都不能超越这一生活资料增殖。"又进一步指出："劳动报酬优厚乃是财富增加的结果，又是人口增长的原因。"亚当·斯密一方面认为人口增殖受生活资料限制，另一方面赞同人口增殖，但要受到工资即财富分配的制约。这一增殖和制约的人口"均衡原理"在《国富论》中体现出来，也为马尔萨斯的"人口原理"的出笼奠定了理论基础[91]。

欧洲工业革命的巨大社会变革，机器大工业取代工厂手工业成为生产主流，降低了人口作为生产者的作用，从而人口作为消费者的作用日益凸显。于是，物质资源能否满足人口增长所带来的消费需求就成了欧洲学者关注的焦点。

真正提出环境因素对人口增长规模有影响的是马尔萨斯(T. R. Malthus)，其人口理论建立在环境制约条件下。1798 年，马尔萨斯在《人口论》中指出，如果没有限制，人口会以几何级数无限增长，而食物只能以算术级数增长。人口增长与生活资料的生产之间关系是不平衡的。因此，必须限制人口数量。由此，马尔萨斯提出了以道德来约束人口的增长[92]。

数学生物学家韦尔侯斯特(P. F. Verhulst)提出的著名人口增长模型——逻辑斯特方程，尝试来为马尔萨斯关于资源限制人口的观点做出解释。学者 Pearl 等利用美国人口普查数据拟合逻辑斯特方程。但其方程只能在短期时间跨度内相似，经验数据不能被有效验证[93]。尽管马尔萨斯理论受到西方众多流派和学者的批判，但其所认为的使用容纳能力来反映环境约束却无疑是现代人口承载力概念的基石，对人口学和生态学都产生了非常重要的影响。

2. 近代人口理论

现代西方学者大多是从经济学角度来探讨人口的发展。马克思和恩格斯在《政治经济学》过剩人口理论中提出，"人既是生产者，又是消费者。当劳动力不能与物质资料生产条件相结合时，就会产生过剩人口"[94]。

马克思的观点是从人与资源的从属关系角度来阐述人口发展规律。"首先，人类来源于自然，是自然界发展到一定历史阶段的结果，人具有自然属性；其次，人类必须与自然界进行能量交换；同时，人与自然是统一的，二者相互包含；最后，人还具有自然需要。"[95]马克思强调了人类必须积极协调人类社会与自然环境，以及人类社会内部各因素和成员之间的关系。马克思主义人口理论正确认识了人口与社会经济的相互关系，其影响巨大。

3. 适度人口理论

工业革命的影响加速欧洲大陆的发展，同时在 100 多年后工业化进程中产生的人口和社会自然之间的矛盾日益凸显，而为早期的适度人口理论生长提供了历史背景。代表者有埃德温·坎南(Edwin Cannan)、克纳特·维克赛尔(Knnt Wicksell)等。

英国著名经济学家埃德温·坎南在其《初等政治》中提出反映人口变化同生产率变化的关系的"人口规律"，即"在一定的时点上和一定范围的土地上，生存并实现当时产业可能达到的最大生产率的人口是一定的"[96]。但其并没有使用适度人口一词。而是克纳特·维克赛尔在 1910 年日内瓦国际马尔萨斯主义者联盟会议发表讲演时，第一次提出了"适度人口"的概念。维克赛尔认为人口增长对经济发展的作用，会"出现完全相反的两种趋势：一是由于人类只有极少量的土地或自然资源，一般说来（人口增长），劳动生产率会下降；二是为了对付自然力的约束，人力的结合、分工、协作及产业的组织往往是重要的……在这两种趋势相互抵消时，确实会达到适度人口规模"[97]。他在就如何达到适度人口措施上，竭力主张降低人口出生率，这无疑对今天人口控制都具有非常积极的理论依据和意义[98]。

法国著名人口学家阿尔弗雷·索维（A. Sauvy）在总结前人思想的基础上，系统地阐述了适度人口。他还考虑到许多社会因素和人口发展的协调关系，"适度人口就是一个以最令人满意的方式达到某项特定目标的人口"。索维认为，只有对人口做定量分析，才能准确地知道实际人口与"适度人口"的差距，即本地区的人究竟是不足还是过剩，这对人口承载力的研究和计算提供了理论基础[99]。

3.1.2.2　国内研究评述

1. 古代人口承载力理论研究

早在我国春秋、战国时代就有丰富的人口思想，虽然在农耕社会的中国，人口主张基本是关于人口的增长，但诸子百家也都曾在不同程度上思考人口问题并提出自己的见解，其中不乏人口和土地要相适应的观点。

最先明确提出人口和土地要相适应的思想的是战国时代法家学派的代表《商君书》。《商君书》认为国家富强在于农战，而要搞好农业，就应当使人口和土地的数量相适应："地狭而民众者，民胜其地；地广而民少者，地胜其民。"它甚至具体计算出了"先王制土分民之律"，即具有一定比例的可耕地的方百里土地足以居住五万耕作的农夫。

孔丘及门徒虽然主张增长人口，且认为"有人此有土，有土此有财"（《礼记·大学》），但同时他们也注意人口和土地在量上要适应的问题。

《管子》一书也非常重视人口和土地的比例要适当的问题。在《乘马》等篇提出"地均以实数"，即把各种土地按各自的收益折算成标准的耕地面积，以便和人口数量对比。《管子》一书认为"富民有要，食民有率，率三十亩而足于卒岁"。按照这个标准，"凡田野，万家之众，可食之地方五十里，可以为足矣"，即方五十里田野的适度人口是"万家之众"。它还认为有了土地要开垦，有了人口要使他们勤于耕种，否则"地大而不为，命曰土满；人众而不理，命曰人满"，也不能保持人口和土地的平衡。

东汉的王符更明确地指出了人口和土地必须相称："土多人少，莫出其财是谓虚土，可袭伐也。土少人众，民非其民，可匮竭也。是故土地人民必相称也。"

但是在封建社会中后期，由于人口的过快增长，也有一些学者提出控制人口的思想，宋朝学者马端临在《文献通考》中认为古时"户口少而皆才智之人，后世生齿繁而多窳惰之辈"，所以，古时"民众则其国强，民寡则其国弱"，而他生活的时代人们才益乏而智益劣，因此"民之多寡不足为国之盛衰"。可见，人口的多少不能说明国家的盛衰。

清朝学者洪吉亮在其《治平篇》中认为，人口过多的解决办法为"使野无闲田，民无剩力，疆土之新辟者，移种民以居之，赋税之繁重者，酌今昔而减之，禁其浮麾，抑其兼并"，即开辟新的地方以供国家所增长人口的发展。

2. 近现代人口承载力研究

近代中国新文化运动发起人陈独秀在《马尔萨斯人口论与中国人口问题》一文中指出，"中国人口过多的现象，不是和土地比例的人口过多，乃是生产消费的人口多，生产资料赶不上人口增加"[100]。这反映出早期共产党人对人口和资源关系的认识。

改革开放以来，我国学者在借鉴西方人口学研究成果基础上，做了许多关于人口承载力理论的研究。最具影响力的是"两种生产理论"，被视为马克思人口理论的核心。廖田平和温应乾认为，"在人口生产和物质生产之间确实存在着紧密的联系，不承认是不行的"，"有计划地控制人口数量，提高人口质量，逐步实现人口过程现代化，是我国社会主义人口发展的必然趋势"[101]。

随着时代的发展，学者们发现，在人类发展进程中，不仅仅只有人口才是影响这个系统的唯一因素，而以计划生育为手段是不能满足调节人口与自然关系的。叶田虎和陈国谦在两种生产的基础上提出"三种生产论"，即物质资料生产、人的生产和环境生产，并为如何协调三种生产提出了具体方案[102]。田雪原和陈玉光通过全社会工农业劳动者人数即就业人数的关系从经济的角度研究中国的适度人口[103]。

1989年，中国科学院国情分析研究小组在其项目中多方面地研究我国粮食生产潜力，得出了中国土地资源承载力为9.5亿[104]。李玉江、吴玉麟、李新运等从黄河三角洲的实际情况出发，通过投入产出模型、多元非线性回归模型，预测高、中、低三种投入下的产出，分别建立人口数量增长模型，得出不同年份人口承载力[105]。陈兴鹏和戴芹在研究甘肃省水土资源承载力时，运用了系统动力学原理建立西北干旱区水土资源承载力系统模型[106]。刘钦普、林振山、冯年华运用非线性科学理论，讨论人口－土地资源系统的演化方向和平衡态稳定性问题[107]。陈英姿变换了研究角度，以水资源和土地资源的加权和国内生产总值分别代表自然资源和经济资源[108]。

　　还有运用生态足迹来计算人口承载力的，郭秀锐和杨居荣以广州市为例，利用生态足迹来求得当地的生态人口承载力[109]。郝永红根据灰色系统等维灰数递补动态预测模型对未来 50 年中国的人口数量进行了动态预测[110]。陈正通过建立可持续发展模型来对陕西省人口承载力和适度人口进行量化研究[111]。此外，还出现了分类的人口承载力研究，如水资源、矿产资源、能源、森林资源人口承载力研究等[112]。

　　由上可以看出，国内外许多学者对人口承载力和适度人口评价理论及研究方法等作了大量的研究，且收效颇丰。但是，对于一个地区的人口承载力研究及适度人口预测而言，数理统计的方法与影响因素之间的关系分析还不够全面。因此，本章在这方面做了深入的研究和拓展。

3.1.3　研究基础与研究方法

　　影响某一地区的人口发展的因素会涉及很多方面，且种类繁多，非常复杂，而且各种因素会随着空间分布和时间变化产生差异，因此有如下假定：

　　(1)四川省是一个由人口、社会、经济、资源各个子系统构成的复杂、巨封闭系统，人类需要的资源都是由这个系统提供的。

　　(2)四川省这个复杂系统内部的各个子系统协调和良性运行。

　　(3)四川省的资源环境是有限的。其自然资源是有限的，这主要表现在水、土地、矿产能源等方面。

　　(4)人类需求是无限的。从古至今，人类对各种物质的需求并未随着社会经济的发展而减少，反而增加。对于本章而言，主要表现在人口对粮食等生存物资的需求。

　　在以上假设前提下，首先对可持续发展下的"人口承载力"及"适度人口"的相关国内外综述进行分析，采用大量数学方法从定性和定量方面讨论不同资源下的人口承载力，并对四川省适度人口进行探讨，寻求四川省可持续发展下各资源协调的途径。研究方法主要采用定量分析法、多元回归分析和主成分分析法，首先运用主成分分析法确定经济、资源、环境在大系统中的关系和权重，得出人口承载力的计算公式，再分别得出在三种约束条件下四川省 2030 年四川省最大人口承载力，采用 P-E-R 人口模型分析四川省适度人口规模，分析在两种人口状态下对资源的需求量。最后分析人口－资源－环境系统与可持续发展之间的内部协调关系，并给出相应对策。技术路线详见图 3.1。

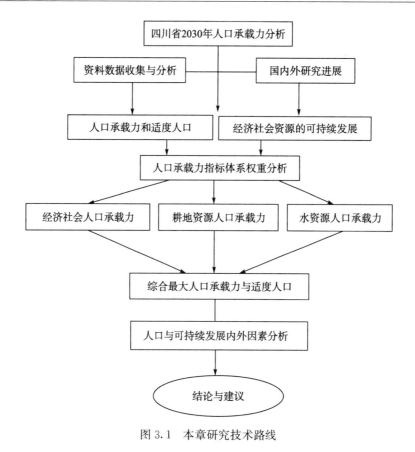

图 3.1　本章研究技术路线

3.2　研究理论内涵

3.2.1　相关人口理论

1. 人口承载力的含义

承载力原本是工程地质领域的概念，其原来的意思是指地基的强度对建筑物负重的能力。但是现在已经演变为对发展的限制程度进行描述的最常用概念之一。生态学最早将此概念转引到其学科领域内。1921 年，帕克（Park）和伯吉斯（Burgess）就在有关的人类生态学杂志上提出了生态承载力的概念，即"某一特定环境条件下（主要指生存空间、营养物质、阳光等生态因子的组合），某种个体存在数量的最高极限"[113]。

联合国教育、科学及文化组织的定义是：一国或一地区在可以预见的时期内，利用该地的能源和其他自然资源及智力、技术等条件，在保证符合社会文化准则的物质生活水平条件下，所能持续供养的人口数量。

社会的发展也改变着承载力的内涵变化。从早期的草地开垦影响发展的种群承载力到与耕地减少相对应的土地承载力，再到对于环境污染所有的环境承载力或者生态承载力，都可以看出些许端倪。

而在世界人口爆炸的今天，人口承载力应运而生。目前，众多学者对人口承载力的定义有多种，但基本可以归纳为：在一定的时空范围内，在不损害生物圈或不耗尽可合理利用的不可更新资源的条件下，各种资源在长期稳定的基础上所能供养的人口数量。

现代学者对人口承载力的研究更多的是引入人口与资源、人口与环境的关系。人类与自然的关系是复杂的，而自然中的众多因素又往往多方面地影响人口的发展，即自然因素决定着人口承载力的上限，而社会因素决定了该承载力的实现程度。

2.　适度人口基本内涵

适度人口即指一个国家或地区在一定的条件下所能容纳的最优人口量。最早是一个地区在其本身所能供给的资源环境条件下最合适的人口数量或人口规模。后来又延伸至最合适的人口密度和人口质量即人口素质等方面。主要是指某一国家或地区都有一个最有利于人口和社会发展的人口量，超过这个量即为"人口过剩"，少于这个量为"人口不足"。

"人口过剩"和"人口不足"都会不利于国家或地区的发展，不是人口的理想、最佳状态。

适度人口的思想自古以来便是许多学者研究的对象，无论是中国自战国春秋时代起便有的诸子百家的适度人口思想，还是西方古希腊的哲学家柏拉图的《理想国》，一直到针对工业革命末期工人失业而提出相关人口理论的马尔萨斯，再到马克思、坎南、索维等，人类探索适度人口的脚步一直没有停歇，这无非都是为了寻找人与自然最和谐共处的方式。

随着可持续发展理论的提出，更是为适度人口的研究提供了依据，众多学者都认为适度人口应该与可持续发展理论相结合。

3.2.2　人口与可持续发展的关系

人口与可持续发展的关系是密切的。人口过多、增长过快，一方面会造成资源的过度需求，形成资源短缺；另一方面则会造成人口消费的增长过快，从而造成环境污染。人口数量过少，又会造成劳动力资源的不足，不能有效地开发和利用资源，无法推动社会的发展。因此，合理的人口空间布局成为国家或地区可持续发展的有利条件。

1. 人口承载力与适度人口

马尔萨斯控制人口的理论也是基于人口增长的"自然"倾向快于食品供给的增长所提出的。随着时间推移，人均食品生产增长率趋于下降，从而给人口增长设置了一种障碍。

这反映了人口与粮食供给的关系，认为人口增长受自然资源因素的限制，这一理论也构成了人口承载力的基本要素和前提，就连后来关于所有人口承载力的研究也都将自然资源作为重要的影响因素。

承载力概念从出现至今，经历了种群承载力—资源承载力—环境承载力—生态承载力的演进过程，传统资源承载力研究大多围绕"耕地—食物—人口"这一主线而展开，以耕地为基础，以食物为中介，以人口容量计算为目标。

人口，是社会发展的主体。某一国家或地区的人口都不能小于最小人口容量，否则社会便无法运作。但也不能超过最大人口量，不然自然环境和生态系统将被破坏，人类的生存环境恶化，各种矛盾被激化。因此，社会的正常运作就需要人口处于最小人口量和最大人口量之间，大于或小于此范围，人类社会都无法正常发展，在此期间，有一个最利于社会发展的人口容量，即最佳人口量——适度人口。

可以看出，人口承载力和适度人口是人类在认识、适应和改造自然的过程中所意识到的对自身发展最有利而提出的观点，在社会如此高速发展、环境破坏和要求可持续发展的今天，人口承载力和适度人口的研究更具有现实意义。

2. 适度人口与可持续发展

人口的发展状况与可持续发展有着重要的关系，人口的发展状况对可持续发展有着极大的影响力。可持续发展意指在环境和资源不被影响其内部结构的情况下，支持人类社会、经济的全面发展，强调了发展和持续的统一。而人口的发展状况对整个系统中的各种要素条件，如经济、资源、环境等都有莫大的影响，继而影响着整个系统的协调能力，人口在这个系统中便是核心，而适度人口无疑是作为此系统中各要素发挥最优作用的关键。

人口是推动可持续发展的基础，但是人口的数量和结构及空间分布又受到可持续发展的影响和制约。地区要可持续发展，就必须控制和调节人口的发展状况，以免过多的人口对资源和环境消费过度，造成地区的生态环境破坏。也要避免人口过少，人口分布过于疏远，即使资源丰富，但是劳动力缺乏，不能对地区资源进行有效的开发和利用，这样，人类社会无法正常发展，如此谈何可持续。而适度的人口数量不一定能很好地发挥其作为可持续发展中最关键的作用，还要视其内部的人口结构和分布。优良的人口内部结构对社会和自然的发展是有益的，而不良的人口结构和分布也会对可持续发展产生一定的阻碍作用。因此，适度人口和可持续发展的关系既相互促进又相互制约。

可持续发展的基础需要建立在人类对自身人口的管理和干预制度下，人口的发展也要建立在自然资源和生态环境的基础之上，使其为人类社会提供资源、自身内部结构未被破坏且能继续发展的条件下，让人与自然的大系统优化地发展，达到人口、资源、环境的协调统一，实现真正的可持续发展，这才是各时代的学者提出适度人口思想的最终目的。

3.3　承载力人口推算方法

3.3.1　时间递推法

一般是自然增长率法[114]和年龄移算法[115]。自然增长率是指在一定时期内，人口不受其他政策影响，在自然情况下的出生和死亡所带来的直接人口数量结果。但是对于现在我国社会发展的情况，自然增长率受到诸多因素的影响，如政府制定的人口政策、社会经济发展水平、社会医疗条件等。

年龄移算法是指以各个年龄组的实际人口数为基数，按照一定的存活率进行逐年递推来预测人口的方法。但是，随着社会的发展，人们受教育的比例和受教育的程度逐渐提高，这都会在很大程度上影响人们尤其是妇女的婚姻和生育观念，使得年龄移算中的育龄妇女人数和年龄的计算难度非常大。

3.3.2　回归分析法

回归分析法可分为两大类，即因子法和趋势法。

通过研究区域历年人口发展情况，探寻相关影响因素，分析其内在变化机理，根据选择出的最佳模型的特征来预测将来人口发展变化趋势的方法。其中，最具代表性的人口研究方法有线性回归法[116]、Logistic 曲线法[117]等。

数学方法中的一元线性回归、多元线性回归和自回归，以及指数函数、幂函数等模型在预测人口运用过程中，短时期内精度较好，相对于中长期来讲，由于置信区间的扩大，与之相对应的预测值误差也会增大。

Logistic 人口预测模型是研究有限空间内生物种群增长规律的重要模型，被广泛应用于生态学中研究生物种群增长过程。一般适用于许多年甚至上百年人口总数来预测区域人口总数的发展，对于仅仅拥有几十年甚至更短时间的人口来说将会有较大误差。

除了上述的预测方法以外，还有利用不同的生育政策来预测未来人口数量的方法，这种方法的前提是人为地设定人们的生育模式，但是随着社会的发展，人们婚育观念也在跟着改变，政策也是随着地区的发展而改变发展策略，同时，人口的迁移也会影响区域人口的数量。

人口—资源—环境是一个庞大的巨系统，而其内部也受到各方面诸多因素的影响。任何一个单一的指标都受制于其他系统的影响，人口规模扩大，则影响因素越来越多。这些因素有的是来源于人口本身，有的来源于人类构建的社会，也有来源于地球自然资源。这些因素的作用或正面或负面，都在影响着地球上最智慧物种人类的发展。

资源和环境对人口的影响也不尽相同，在不同的社会发展水平和科技发展水平下，资源和环境所能承载的最大人口是不同的。而来源于资源和环境的影响因素对人口发展的影响力大小不同，如何将这些影响因素做对比和分析，甚至计算出在整个人口系统中的影响权重，是本章讨论的关键。本章将整个四川省内部作为一个大的系统，建立指标体系。利用主成分分析法分析出影响人口发展各方面因素的权重，从而得出四川省人口承载力的综合性结果。

3.3.3　主成分分析法

主成分分析法（principal component analysis，PCA）是将多个变量通过线性变换以选出较少个重要变量的一种多元统计分析方法。在实际的研究课题中，一般会提出许多个影响事物发展的有关变量或因素，而每一个变量都在不同程度上反映课题的某一方面，将这些多数变量进行综合化和简单化，科学、客观地确定各种变量的权重，避免了人为主观的影响。主成分分析法作为基础的数学分析方法，由于其实际运用操作简单和分析结果的科学性等特点，广泛地被用于各种领域的数学分析中。

1. 主成分分析法原理

在现实生活中，所研究的课题或对象一般都是受许多不同因素的影响，在这些多变量课题中，为了避免重要信息的遗漏，都需要尽可能完整地收集信息，对每个样品或年份指标都测量了多个指标。虽然这些指标都以变量的形式存在，但是在其内部可能存在着很强的关联性，导致指标间信息重叠，使得研究课题复杂化。

因此，需要将反映研究事物的多项指标整理归纳，总结出少数几个互不相关的综合变量来提取原始指标变量所能反映的大部分信息。通常假设统计指标共有 n 个，每个指标有 p 个变量，那就一共有 $n \times p$ 个变量。如果没有限制条件，随意地将如此多的变量线性组合，那么组合的方式有许多种，也会得到很多种结果，造就了许多种可能。各指标有不同的组合系数，因此就能得到不一样的综合指标。

为了所得到的综合指标相互之间不会有信息的重叠，就需要条件约束。并且，这些综合指标都在最大程度上反映了原指标的变化。将在各种线性组合中方差贡献率最大的称为第一主成分，它包含了原始指标最多的信息，反映了原始指标的变化程度；接着方差贡献率排第二的称为第二主成分；依次类推，第 k 个综合指标称为第 k 个主成分。

主成分分析法的好处在于，它将多数的原始指标归纳，并且最大限度地提取指标内包涵的指标变化信息，能客观地反映指标变化的事实，分析总结后形成的新综合变量可以真实地反映原数据意义，其能够用更加简单易懂和直观的方式反映研究事物的特征，化繁为简，降低事物研究的难度。

2.　主成分分析法模型

假设一个地区观测 p 项指标，n 个地区的原始资料数据阵[39]为

$$X = \begin{pmatrix} x_{11} & x_{12} & \cdots & x_{1p} \\ x_{21} & x_{22} & \cdots & x_{2p} \\ \cdots & \cdots & \cdots & \cdots \\ x_{n1} & x_{n2} & \cdots & x_{np} \end{pmatrix} = (X_1, X_2, \cdots, X_p)$$

其中，$X_j = \begin{pmatrix} x_{1j} \\ x_{2j} \\ \vdots \\ x_{nj} \end{pmatrix}$，$j = 1, 2, \cdots, p$。

将原始数据矩阵 X 的 p 个列向量 $X_1, X_2, \cdots, X_p$ 做线性组合可得

$$\begin{cases} F_1 = a_{11}X_1 + a_{12}X_2 + \cdots + a_{1p}X_p \\ F_2 = a_{21}X_1 + a_{22}X_2 + \cdots + a_{2p}X_p \\ \quad\quad\quad\quad\quad\quad\quad\quad \vdots \\ F_p = a_{p1}X_1 + a_{p2}X_2 + \cdots + a_{pp}X_p \end{cases}$$

简写为

$$F_j = a_{j1}X_1 + a_{j2}X_2 + \cdots + a_{jp}X_p, \quad j = 1, 2, \cdots, p$$

同时，要求该模型满足以下原则：

(1) $a_{j12} + a_{j22} + \cdots + a_{jp2} = 1$，$j = 1, 2, \cdots, p$。

(2) F_i 与 F_j 互不相关 $(i \neq j, i, j = 1, \cdots, p)$，即 $\mathrm{Cov}(F_i, F_j) = 0$。

(3) F_1 是 $X_1, X_2, \cdots, X_p$ 的全部线性组合（系数满足以上要求）中方差最大的，F_2 是与 F_1 不相关的 $X_1, X_2, \cdots, X_p$ 的线性组合中方差最大的，以此类推，F_p 是与 $F_1, F_2, \cdots, F_{p-1}$ 都不相关的 $X_1, X_2, \cdots, X_p$ 的一切线性组合中方差最大的，即 $\mathrm{Var}(F_1) > \mathrm{Var}(F_2) > \cdots > \mathrm{Var}(F_p)$。

满足上述要求的 $F_1, F_2, \cdots, F_p$ 称为主成分，每个主成分从原始数据中提取的信息量用方差来量度，这 p 个主成分提取的信息量依次递减。原始指标相关

系数矩阵相应的特征值 λ_i 可表示主成分方差的贡献，特征值 λ_i 对应的特征向量为每个主成分的组合系数，即 $a_i = (a_{i1}, a_{i2}, \cdots, a_{ip})$。

第 i 主成分的贡献率计算公式为

$$\alpha_i = \frac{\lambda_i}{\sum_{i=1}^{p} \lambda_i}$$

3.4　四川省最大人口承载力研究

3.4.1　四川省人口经济概况

四川省位于中国西南腹地，地处长江上游，东西长 1075 千米，南北宽 921 千米，东西边境时差 51 分钟。与 7 个省(市、区)接壤，北连青海、甘肃、陕西，东临重庆，南接云南、贵州，西衔西藏。省会成都更是国家级交通枢纽。

2011 年年末，全省常住人口 8050 万人。其中，城镇人口 3367 万人，乡村人口 4683 万人，城镇化率 41.83%，比 2010 年提高 1.65 个百分点。全年出生人口 78.88 万人，人口出生率 9.79‰，比 2010 年上升 0.86 个千分点；死亡人口 54.87 万人，人口死亡率 6.81‰；人口自然增长率 2.98‰。人口分布与经济分布不平衡，东部地区主要依靠耕地资源维持农业经济，人口密度过大，人均农业生产效率低下。西部高原山区，自然环境恶劣，人口稀少，但由于利用方式不当，也出现了严重的环境生态破坏。

四川省实现国民生产总值 21026.68 亿元，全国排名第九位。GDP 增长 15.0%，比全国平均水平高 5.8 个百分点，连续三年在全国前 10 位经济大省中增速居第 1 位。城镇居民人均可支配收入 17899 元，社会消费品零售总额 8044.58 亿元。四川省第一、第二、第三产业结构比为 14.2∶52.4∶33.4[118]。

3.4.2　四川省耕地资源人口承载力预测

3.4.2.1　四川省耕地资源现状

1. 四川省土地资源类型情况

四川省位于我国西南部，总面积 485000 平方千米，占全国总面积的 5.1%，居全国第五。四川省地貌类型复杂多样，有平原、丘陵、山地。森林面积 1702.40 万公顷，其中平原面积 256.6 万公顷，占四川省总面积的 5.3%，四川省最大的平原——成都平原，面积 6200 平方千米，丘陵面积 624.4 万公顷，占

12.87％；山地面积 3732.1 万公顷，占 76.95％；高原面积 227.5 万公顷，占 4.69％。山地、高原和丘陵约占四川省土地面积的 94.52％。四川省耕地面积 2011 年年底为 398.34 万公顷，占四川省面积的 8.21％[119]。四川省气候总的特点是：区域表现差异显著，东部多云雾、少日照、生长季长，西部则寒冷、冬季长、基本无夏季、日照充足、降水集中、干雨季分明；气候垂直变化大，气候类型多。

四川省耕地农作地区主要集中在四川盆地，其地处中亚热带湿润气候区，该区全年温暖湿润，年均温为 16～18℃，雨量充沛，年降水量达 1000～1200 毫米。盆地内的成都平原，其优良的气候条件非常适合耕作农业，自古以来被称为"天府之国"。成都平原为四川省耕作农业的发展提供了得天独厚的自然条件。但是人口规模过大，对资源、环境的压力和影响非常大。四川省总人口 8050 万人，居全国第三位。人口分布不均，主要人口集中在成都平原。成都平原是全国人口密度最大的地区之一，四川省 19 个百万人口的大县几乎全部集中在盆地丘陵区，人地矛盾尖锐，四川省拥有耕地资源 398.34 万公顷，但人均耕地面积只有 0.0439 公顷[46]。高寒地区生态环境脆弱，生存条件恶劣。水资源供需矛盾十分尖锐，资源总量不少，但时空分布不均，四川省 17 个市人均水资源在缺水上限 3000 立方米以下，其中 12 个城市在 1700 立方米的缺水警戒线以下[120]。部分农村地区人、畜饮水困难问题尚未根本解决。未来，四川省人地矛盾更加突出，人均耕地面积将进一步减少；水资源矛盾加剧，在资源性短缺、时空性短缺的同时，工程性短缺、污染性短缺将更加突出，供需形势十分严峻。

2. 四川省耕地资源生产能力

四川省 1982～2011 年耕地资源的现实生产能力基础数据如表 3.1 所示。

将四川省 1982～2011 年耕地面积、粮食产量和单产绘制成折线图(图 3.2)，从图 3.2 可以得出以下几点：

(1)耕地面积自 1982 年以来一直呈下降趋势，尤其是 2003～2007 年下降最为严重，这与当时社会经济的高速发展尤其是房地产行业和城市化加速推进不无关系，从 1982 年到 2011 年，四川省耕地面积净减少 85.85 万公顷。

(2)粮食产量总体上呈平稳上升趋势，但 2003 年的统计数据严重下降，这与耕地变化情况一致，耕地的减少很大程度上影响了粮食的产量，同时也受到农民工进城务工、农村地区农业人口减少的影响。2003 年的耕地面积比上年减少 3.85％，粮食产量比上年减少 5.26％。但四川省粮食总量紧接着又慢慢回到平均水平，与耕地的变化也基本一致，这是因为受到 2008 年中共十七届三中全会提出的守住国家耕地红线和各项房地产调控政策的影响。

(3)虽然耕地资源和粮食产量在逐渐减小，但是粮食单产水平却与之相反，其总体趋势是上升的，这说明现代的农业技术运用到了粮食生产。耕地资源减少，粮食产量就必须依赖于科学技术的提升，而粮食单产量的提高，一定程度上能缓解耕地资源减少的情况，以此达到粮食总产量增长的目的。但是四川省甚至国内大部分生产粮食地区还是依靠传统的普通耕作方式进行生产，现代农业技术并不能完全渗透到各个地区。因此，保护耕地资源、降低耕地的减少才是根本办法。

表 3.1　四川省 1982~2011 年耕地面积、粮食产量与粮食单产基础数据

年份	耕地面积/万公顷	粮食产量/万吨	粮食单产量/(吨/公顷)	年份	耕地面积/万公顷	粮食产量/万吨	粮食单产量/(吨/公顷)
4.929	1982	484.19	720.7	3.977	1997	451.99	721.14
1983	482.82	707.3	4.254	1998	449.49	733.81	4.942
1984	475.84	693.4	4.361	1999	445.47	729.67	5.027
1985	474.12	663.6	4.333	2000	434.61	685.44	5.206
1986	468.12	667.8	4.363	2001	428.44	662.69	4.612
1987	466.92	671.5	4.339	2002	405.99	642.55	5.098
1988	466.11	679.8	4.285	2003	390.37	608.78	5.229
1989	465.48	688.7	4.394	2004	390.44	633.33	5.253
1990	464.71	698.5	4.680	2005	390.6	650.16	5.243
1991	463.23	704.8	4.704	2006	391.66	688.77	4.718
1992	461.19	702.9	4.796	2007	394.59	680.39	5.189
1993	459.38	705	4.503	2008	395.95	682.72	5.133
1994	457.96	701.5	4.416	2009	397.61	685.90	5.217
1995	456.04	705.49	4.813	2010	401.70	690.75	5.254
1996	454.31	713.77	4.880	2011	398.34	690.34	5.302

数据来源：《四川省统计年鉴》(1982~1996 年)

注：“粮食单产量”由每年的播种面积和粮食产量计算所得

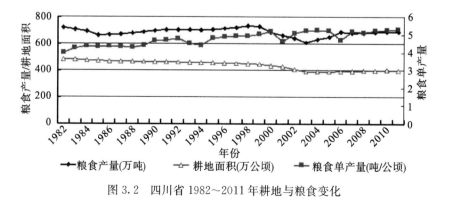

图 3.2　四川省 1982~2011 年耕地与粮食变化

3.4.2.2　相关分析

将表 3.1 中的基础数据运用 SPSS16.0 软件做相关分析, 得出以下结果 (表 3.2):

表 3.2　耕地各指标与人口相关分析

		人口	粮食产量	粮食单产	耕地面积
人口	相关系数	1	−0.216	0.896**	−0.914**
	双侧显著度检验		0.251	0.000	0.000
	叉积平方和	8.136E6	−9.415E4	5.326E3	−4.668E5
	协方差	2.805E5	−3.246E3	183.653	−1.610E4
	N	30	30	30	30

由表 3.2 可以看出, 在所选取的三项指标与人口的相关系数中, 粮食单产与人口相关系数为 0.896; 耕地面积与人口的相关系数绝对值为 0.914, 均在 0.01 的显著水平下, 且概率 Sig. 小于 0.01, 证明粮食单产量和耕地面积与人口变化高度相关。

而粮食产量与人口的相关系数绝对值为 0.216<0.3, 且其 Sig. ＝0.251>0.01, 说明其与人口变化的关系相关性极弱。因此, 在研究耕地资源人口承载力时, 主要研究人口与耕地面积和粮食单产量之间的关系。

3.4.2.3　四川省耕地资源人口承载力预测分析

1. 耕地面积预测

将表 3.1 中的基础数据运用 SPSS16.0 软件做线性回归分析, 可得出表 3.3 ~表 3.5 的数据。

表 3.3　模型概要 1

R	R^2	调整 R^2	标准估计的误差
0.940	0.884	0.879	11.548

表 3.4　方差分析表 1

	平方和	df	均方	F	Sig.
回归	28353.449	1	28353.449	212.619	0.000
残差	3733.900	28	133.354		
总计	32087.349	29			

表 3.5 回归系数 1

	非标准化系数		标准化系数	t	Sig.
	B(回归系数)	标准误差	试用版		
案例	−3.552	0.244	−0.940	−14.581	0.000
(常数)	493.976	4.324		114.231	0.000

通过表 3.3~表 3.5 可以看出，复相关系数 $R=0.940$；拟合优度 $R^2=0.884$，接近 1。$F=212.619>F=(1，28)$，相应的 Sig. $=0.000$，而 Sig. <0.001。这说明回归方程线性关系显著。由此可推论出已建立的多元回归模型有效。

因此建立回归模型

$$Y=493.976-3.552X \tag{3.1}$$

其中，X 为处理后的时间变量取值；Y 为耕地面积(单位：万公顷)使用回归方程。$X_{2030}=49$，可得出 $Y_{2030}=319.928$，即四川省 2030 年耕地资源为 319.928 万公顷。

2. 粮食单产量预测

根据四川省 1982~2011 年的粮食产量数据随时间变化的状态做回归分析。得出表 3.6~表 3.8 的数据。

3.6 模型概要 2

R	R^2	调整 R^2	标准估计的误差
0.897	0.805	0.798	0.174

表 3.7 方差分析表 2

	平方和	df	均方	F	Sig.
回归	3.492	1	3.492	115.368	0.000
残差	0.847	28	0.030		
总和	4.339	29			

表 3.8 回归系数 2

	非标准化系数		标准化系数	t	Sig.
	B(回归系数)	标准误差	试用版		
案例	0.039	0.004	0.897	10.741	0.000
(常数)	4.171	0.065		64.019	0.000

通过表 3.6~表 3.8 可以看出，复相关系数 $R=0.897$；拟合优度 $R^2=0.805$，接近 1。$F=173.842>F=(1，28)$，相应的 Sig. $=0.000$，而 Sig. <0.001。这说

明回归方程线性关系显著。由此推论已建立的回归模型有效。

因此建立回归模型

$$Y = 4.171 + 0.039X \qquad (3.2)$$

其中, X 为处理后的时间变量取值; Y 为粮食单产量(单位: 吨/公顷)使用回归方程。$X_{2030} = 49$, 可得出 $Y_{2030} = 6.082$, 即四川省 2030 年粮食单产量为 6.082 吨/公顷。

3. 耕地资源人口承载力预测

根据四川省 1982~2011 年的人口与耕地面积和粮食产量建立二元回归方程分析, 得出表 3.9~表 3.14 的数据。

表 3.9　模型概要[b]3

模型	R	R^2	调整 R^2	标准估计的误差
1	0.944[a]	0.892	0.884	108.64423

注: a. 预测变量: (常数), 耕地面积, 粮食单产(下同); b. 因变量: 人口

表 3.10　方差分析表 3

	模型	平方和	df(自由度)	均方	F	Sig.
1	回归	7254744.575	2	3627372.287	111.159	0.000[a]
	残差	881073.144	27	32632.339		
	总和	8135817.719	29			

表 3.11　回归系数 3

模型	非标准化系数		标准化系数	t	Sig.
	B(回归系数)	标准误差	测试版		
1　(常数)	9141.155	1511.079		6.049	0.000
粮食单产	600.402	159.360	0.438	3.768	0.001
耕地面积	−8.691	1.853	−0.546	−4.690	0.000

由表 3.9~表 3.11, 复相关系数 $R = 0.944$; 拟合优度 $R^2 = 0.892$, 接近 1。$F = 161.740 > F = (2, 27)$, 相应的 Sig. = 0.000, 而 Sig. < 0.001。这说明回归方程线性关系显著。由此推论已建立的二元回归模型有效。

因此建立回归模型

$$Y = 9141.155 - 8.691X_1 + 600.402X_2 \qquad (3.3)$$

其中, X_1 为耕地面积(单位: 万公顷); X_2 为粮食单产量(单位: 吨/公顷); Y 为人口(单位: 万人)。

由前两节预测出的 2030 年 X_1 和 X_2 分别代表的耕地面积和粮食单产量数据带入上述回归方程, 可得出 $Y_{2030} = 10012.306$, 即四川省 2030 年耕地资源人口为 10012.306 万人。

3.4.2.4 小结

由上节的研究，得出四川省 2030 年耕地资源的人口承载力，根据全国及一些省县已有的研究，以及中国营养学会确定的我国 2000 年食物结构标准，我们选择粮食年消费水平 0.35 吨/人、0.45 吨/人与 0.55 吨/人分别作为温饱型、小康型、富裕型三个等级消费标准。

按照耕地面积和粮食单产预测的人口，四川省 2030 年耕地资源人口10012.306 万人，2030 年四川省粮食单产量 6.082 吨/公顷，见表 3.12。

表 3.12 四川省未来耕地及粮食情况

年份	人口/万人	耕地面积/万公顷	粮食单产/（吨/公顷）	粮食产量/万吨
2030	10012.306	319.928	6.082	1945.802

根据表 3.12 及人口的食物消耗标准和粮食单产量，可以得出表 3.13。

表 3.13 四川省未来耕地需求情况

标准	人均占有/（吨/人）	所需粮食量/万吨	所需耕地/万公顷
2011 年四川	0.0762	762.938	125.442
2011 年全国	0.424	4245.218	697.997
温饱型	0.35	3504.307	576.177
小康型	0.45	4505.538	740.799
富裕型	0.55	5506.768	905.421

四川省 2011 年人均粮食占有量为 0.0762 吨/人，占有量相当少，仅占温饱型标准的 21.8%，更不用说小康型和富裕型了。若以此最低标准人均粮食占有量 0.0762 吨/人，2030 年耕地需求为 125.442 万公顷，3.4.2.3 中回归模型预测计算出 2030 年的耕地面积为 319.928 万公顷。说明耕地面积可以满足，但是此种植面积是指将所有的耕地面积用于种植粮食；并且随着社会经济的发展，人口的粮食需求量增大，这种标准不一定能满足供养人口。

若按照 2011 年全国人均粮食占有量 0.424 吨/人，则所需要的耕地面积是697.997 万公顷，这比预测的 2030 年的 319.928 万公顷多出 378.069 万公顷，多出将近一倍的耕地面积。

若只是按照四川省自身的耕地面积和粮食产量，到"十二五"末期是实现不了小康社会的。由全国和四川省标准可知，现今人口大省四川本地粮食生产已经满足不了其人口的需求，其大部分的粮食来源于外省。这不仅仅是四川省面临的问题，整个中国都面临着粮食短缺的问题，由每年中国进口粮食的增加可初见端倪。

　　虽然四川省面积辽阔，但是由于其地形处于第一、二阶梯，地理和资源环境较之其他省份复杂，耕地面积有限，四川省最主要的粮食生产地——成都平原也由于城市化的快速推进和经济发展，使得耕地资源逐年减少。但是，即使如此，也应该积极寻求办法用以缓解人地关系的供需矛盾。

　　第一，提高粮食单产，在耕地逐渐减少的年代，提高粮食单产是迫切的。向农村投入和推广现代农业种植技术，提高土地的耕作效率和产量。努力解决好"三农"问题，扶植农村农业的发展，防止有田无人耕的现象。

　　第二，重视耕地资源的保护和开发，在推进城市化的进程中，节约用地，因地制宜，保护优质耕地不受侵占。整理土地，最大化地利用土地，调整不合理的农耕地结构，开发新的耕地，增加耕地总量。

　　第三，节约粮食。深入贯彻党的十八大精神，厉行节约，宣传美好品德，建设节约型社会。

3.4.3　四川省经济社会人口承载力预测

3.4.3.1　经济社会人口承载力意义

　　人口的发展与其他动物数量发展有很大的不同，最主要的区别就是人类自身构建了一个社会经济系统。虽然自然环境对人类的发展有限制作用，但是还会受到社会环境的影响。其中，人类社会对人口发展影响的因素是生产方式和经济发展水平。在一定的自然环境内，不同的社会发展水平，即经济发展水平在很大程度上决定着人口数量和人口素质。

　　因此，人口规模必须以整个社会为背景。经济的发展能给以更多的就业机会，带动周边地区的经济发展，大量劳动力向经济发达地区靠拢。越发达的地区，越能吸纳更多的人口聚集。

　　再者，大部分地区的经济发展都是以消耗自然资源为代价的，地区的污染加重和生态环境的变差，会导致人口居住数量的下降。但是，若经济和科技水平发展到一定程度，地区则可以用更加先进的技术解决城市发展带来的负面影响，减少资源的浪费和降低资源的消耗量，提高资源的利用效率，美化环境，这样又能提高人类居住和停留的意愿。

3.4.3.2　四川省经济社会人口承载力预测分析

1. 经济社会因素与人口关系分析

　　经济发展水平反映着当下区域的生产力，经济与人口的关系影响因素众多，因此，本章采用多元回归分析的方法来将多个自变量与因变量做相关分析，再建立预测模型。

本章选取了与社会经济发展相关的 5 个指标，并对其做回归分析和统计检验，更加直观地说明这些指标与人口规模的关系。其中，选取的五项指标分别是人均 GDP、国内生产总值、第二和第三产业比重、人均社会消费品零售总额、非农业人口比重，具体内容见表 3.14。

表 3.14　四川省人口与经济发展状况

年份	人口/万人	国内生产总值/亿元	人均 GDP/元	第二和第三产业比重/%	非农业人口比重/%	人均社会消费品零售总额/元
1982	7300.4	275.23	379	54.45	12.13	
1983	7336.9	311	425	55.57	12.36	
1984	7364	358.06	487	56.4	12.99	
1985	7419.3	421.15	570	58.95	13.83	
1986	7511.9	458.23	614	60.46	13.6	
1987	7613.2	530.86	702	61.9	13.73	
1988	7716.4	659.69	861	63.32	13.84	
1989	7803.2	744.98	960	64.68	13.95	
1990	7892.5	890.95	1136	63.93	13.96	441.69
1991	7947.8	1016.31	1283	66.64	14.08	503.1
1992	7992.2	1177.27	1477	68.4	14.67	588.86
1993	8037.4	1486.08	1854	69.76	15.08	711.9
1994	8098.7	2001.41	2338	70.15	15.77	916.41
1995	8161.2	2443.21	3043	72.89	16.32	1175.05
1996	8215.4	2871.65	3550	73.19	16.77	1384.4
1997	8264.7	3241.47	4032	72.84	17.18	1563.88
1998	8315.7	3474.09	4294	73.74	17.56	1694.85
1999	8358.6	3649.12	4540	74.62	18.04	1814.48
2000	8407.5	3928.2	4956	75.93	18.61	1988.02
2001	8436.6	4293.49	5376	77.14	19.23	2228.67
2002	8474.5	4725.01	5890	77.82	19.8	2442.79
2003	8529.4	5333.09	6623	78.84	21.05	2689.19
2004	8595.3	6379.63	7895	78.37	22.27	3042.64

年份	人口/万人	国内生产总值/亿元	人均GDP/元	第二和第三产业比重/%	非农业人口比重/%	人均社会消费品零售总额/元
2005	8642.1	7385.1	9060	79.94	23.3	3475.43
2006	8722.5	8690.24	10613	81.64	23.74	3981.08
2007	8815.2	10562.39	12963	80.76	24.28	4657.41
2008	8907.8	12601.23	15495	82.41	24.74	5551.09
2009	8984.7	14151.28	17339	84.17	25.45	6409.44
2010	9001.3	17185.48	21182	85.55	26.17	7565.71
2011	9058.4	21026.68	26133	85.81	27.19	8880.8

数据来源:《四川省统计年鉴》(1982~2011年)

注: 表格空白处表示无数据

　　将表 3.14 的相关基础数据运用 SPSS16.0 软件进行相关分析, 可以得出表 3.15:

表 3.15　人口与经济发展状况相关分析

		人口	GDP	人均GDP	第二和第三产业比重	非农业人口比重	人均社会消费品总额
	相关系数	1	0.859**	0.857**	0.994**	0.955**	0.948**
人口	双侧显著度检验		0.000	0.000	0.000	0.000	0.000
	N	30	30	30	30	30	22

注: **表示在 0.01 水平(双侧)上显著相关

　　由表 3.15 可以看出, 所选取的五项指标与人口的先关系数分别为 0.859、0.857、0.994、0.955、0.948, 均在 0.01 的显著水平下显著, 且显著性概率 Sig.<0.01, 因此, GDP、人均 GDP、第二和第三产业比重、非农业人口比重与人均社会消费品总额都与人口变化有较高显著的相关性。

2. 经济社会因素与人口建模分析

　　由表 3.15 得知人口与所选取的五项指标有较高的关系, 因此分别将这五项指标进行回归预测。其中, 以 GDP 为例, 结果如表 3.16 所示:

表 3.16　模型概要 4

R	R^2	调整 R^2	估计值的标准误差
0.994	0.987	0.986	645.534

由表 3.16、表 3.17 和图 3.3 可以看出，三次拟合与 GDP 变化拟合度最高，且 $R^2=0.987$，接近 1。$F=671.453$，Sig. $=0.000$，说明回归方程成立，因此可建立方程

$$Y=-145.561+660.507X-60.975X^2+2.063X^3 \qquad (3.4)$$

其中，Y 为 GDP（单位：亿元）；X 为处理后的年份值。将 $X=49$ 带入方程，可得出 $Y_{2030}=128528.194$，即四川省 2030 年 GDP 为 128528.194 亿元。

表 3.17　回归系数 4

	非标准化系数		标准化系数	t	Sig.
	B（回归系数）	标准误差	测试版		
案例 1	660.507	147.593	1.074	4.475	0.000
案例 2	−60.975	10.967	−3.167	−5.560	0.000
案例 3	2.063	0.233	3.118	8.861	0.000
（常数）	−1145.561	537.093		−2.133	0.043

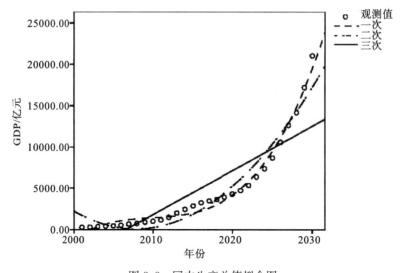

图 3.3　国内生产总值拟合图

其他指标计算过程都同上，通过分析，可得出：

(1)人均 GDP 二次曲线拟合 $R^2=0.964$，$F=252.049>(2,\ 19)$，Sig. $=0.000>0.001$，有预测方程

$$\bar{Y}=13616.211-1851.103X+71.953X^2 \qquad (3.5)$$

式中，$\bar{Y}$ 为人均 GDP（单位：元）；X 为处理后的年份值。将 $X=49$ 带入方程，可得出 $\bar{Y}_{2030}=95671.317$，即四川省 2030 年人均 GDP 为 95671.317 元。

(2)第二和第三产业比重二次曲线拟合 $R^2=0.981$，$F=496.835>(2,\ 19)$，Sig. $=0.000>0.001$，有预测方程

$$Y' = 55.167 - 1.253X + 0.008X^2 \tag{3.6}$$

式中，Y'为人均第二和第三产业比重（单位：%）；X为处理后的年份值。将$X = 49$带入方程，可得出$Y'_{2030} = 97.4687$，即四川省 2030 年人均第二和第三产业比重为 97.4687%。

（3）非农业人口比重一次线性拟合 $R^2 = 0.984$，$F = 24.396 > (1, 20)$，Sig. $= 0.000 < 0.001$，有预测方程

$$Y'' = 7.17 + 0.647X \tag{3.7}$$

式中，Y''为非农业人口比重（单位：%）；X为处理后的年份值。将$X = 49$带入方程，可得出$Y''_{2030} = 38.873$，即四川省 2030 年非农业人口比重为 38.873%。

（4）人均社会消费品零售总额三次曲线拟合 $R^2 = 0.973$，$F = 345.1 > (2, 19)$，Sig. $= 0.000 < 0.001$，有预测方程

$$Y^* = 3911.645 - 534.636X + 22.377X^2 \tag{3.8}$$

式中，Y^*为人均消费品零售总额（单位：元）；X为处理后的年份值。将$X = 49$带入方程，可得出$Y^*_{2030} = 31441.658$，即四川省 2030 年人均消费品零售总额为 31441.658 元。

表 3.18　各回归指标及预测值

指标	2030 年
X_1国内生产总值/亿元	128528.194
X_2人均 GDP/元	95671.317
X_3第二和第三产业比重/%	97.4687
X_4非农业人口比重/%	38.873
X_5人均社会消费品零售总额/元	74489.860

根据各指标基础数据所建立的回归方程为

$$Y^{**} = 6177.409 + 0.0X_1 - 0.041X_2 + 17.919X_3 + 39.55X_4 + 0.152X_5 \tag{3.9}$$

其中，Y^{**}为人口承载力（单位：万人），$R^2 = 0.993$，$F = 594.091$，Sig. $= 0.000$，说明回归方程线性关系显著，建立的一元线性方程有效。

将表 3.18 中的各指标数据预测值带入上述回归方程，经过计算，$Y^{**}_{2030} = 10317.9858$，即本章最后预测出四川省 2030 年的经济社会人口承载力为 10317.9858 万人。

3.4.4　四川省水资源人口承载力预测

3.4.4.1　水资源人口承载力内涵

1. 环境容量

环境容量是指某一环境区域内各种要素能承受的人类活动造成影响的最大容

纳量，这种影响一般认为是由人类生产和生活所制造的污染物对环境的影响。其生态含义为某种群在一个生态系统中，即在一个有限的环境中所能达到的最大数值或最大密度，称为该系统或环境对该种群的容纳量。

生态环境中，自然不仅对人类提供生存的必然条件，同时，自然界中的各种要素都有自身所能承受污染物的最大承受范围。相对环境污染，所拥有的污染物数量若超出其分解能力或容纳能力，这一环境的生态平衡和正常功能就会遭到破坏。一定区域环境内，环境容量受自身条件的约束，如生态空间区域、内部结构、各种要素特征、更新能力等，还与此环境内人类社会结构、污染物的物理和化学性质等相关。环境空间越大，环境对污染物的净化能力就越强，环境容量也就越大。对于一些特定类型的污染物来说，其物理和化学性质越不稳定，即这种污染物对于环境的变化或自身的变化比较敏感，越容易产生生物化反应自身降解。这也说明如果这种污染物的污染能力不强，那么环境对所能承载这种污染物的数量也就越大。环境容量包括绝对容量和年容量两个方面。绝对容量是指某一环境所能容纳某种污染物的最大负荷量。年容量是指某一环境在污染物的积累浓度不超过环境标准规定的最大容许值的情况下，每年所能容纳的某污染物的最大负荷量。[50]狭义的环境人口容量主要指大气、土壤、森林、水等自然要素组成的自然生态系统在维持其结构和功能的再生能力、适应能力和更新能力的条件下，在可持续发展情况下，所能容纳的最大人口容量。

2. 水资源人口承载力

水资源作为人类生存的必要资源，无论是滋养人类的生存还是对大气的作用，以及对人类生活生产所制造的环境污染物的净化能力，都对人口发展有着不可忽视的作用。水环境容量的概念首先是由日本学者提出来的[51]。由于水资源对人类发展的重要性，许多学者也有不少的研究，认为水资源承载能力是在一定社会技术经济阶段，在水资源总量的基础上，通过合理分配和有效利用所获得的水资源开发利用的最大容量[52]。也就是指在某一特定社会条件下，某一国家或地区的水资源在保证其生态结构和功能不被破坏，水资源所能承受的最大人口数量。一定社会条件是指与一定生产力相适应的物质和文化生活的水平。水资源在其生态结构不受影响和发挥正常功能的条件下，包含了人类的一切生产生活活动，以维持资源的可持续利用。

3.4.4.2　四川省水资源人口承载力

1. 四川省水资源现状

四川省位于上江上游，有河流1400多条，蕴藏着丰富的水资源和水能资源，人均水资源量高于全国平均水平。由于地理位置，四川省境内众多河流都归于长江水系，长江流域在四川省的面积约为 5507 万平方千米，占到全省总面积的 97.02%。四川省境内属于黄河水系的流域面积占到 169 万平方千米。[53]四川省天然湖泊虽有 1000 余个。其中较大者有泸沽湖，位于四川省凉山彝族自治州盐源县与云南省丽江市宁蒗彝族自治县之间，面积 72 平方千米，湖面海拔 2700米，是高原上的一个断陷湖。邛海位于西昌市东南 5 千米，水域面积 31 平方千米，最深处 34 米，是四川省最大的湖泊，湖面海拔 1510 米。

但是，随着社会经济的发展，四川省水资源的供给与人们生活的需求矛盾日益突出。水资源分布不均造成了区域性缺水的情况。四川盆地腹部地区的成都平原地区，人口和耕地集中，生产总值占四川省的 85%，但水资源量仅占四川省的 22%，水资源的地域分布与工农业生产布局和地区发展不适应。而四川省降水地区和时间的分布不均也是一大问题。每年的 4~6 月是农业用水高峰期，而四川省降雨主要集中在 7~9 月，许多西部地区的干旱缺水是农业和农村经济发展的重要制约因素。

2011 年，四川省多个城市缺水，以成都市为例，其人均占有本地水资源量仅为 828 立方米，不足世界人均水资源的 10%，低于国际公认的严重缺水警戒线——1700 立方米/人。自贡、遂宁、内江、资阳人均水资源低于 400 立方米。水污染日益加重，尤其是中、东部地区，社会经济的快速发展产生了大量的生活生产污水，尤其是工业废水，城市附近水体污染更为严重。更甚者，有些地区已经污染到地下水。气候的极端变化，导致一些地区河流水流量减少，众多的废水排入河中，多地区河流附近地区生态环境质量下降，河流的自净能力也严重下降。

四川省"十二五"规划中提出依据资源环境承载能力实施主体功能区战略，构建生态安全战略格局，贯穿着资源节约、环境友好的理念，强调经济发展和生态文明的有机统一。四川省人口密集，经济总量大、发展快，资源相对紧缺。由于粗放型的传统生产工艺和技术带来的高投入、高消耗、高排放，致使四川省的城市及农村污染严重，污染物排放量大增。工业污染和排放种类越来越复杂，农业污染和生活污染有所增多，许多难以降解甚至永久性污染物也在不断变多。四川省处于工业化发展的中期，加速工业化和城市化是该地区未来发展的基本任务，但是相应地，经济发展对环境的影响和生态的破坏是不可避免的。因此，分析自然资源与人口的发展关系具有重要的现实意义。

2. 四川省水资源人口承载力预测

水资源内部是一个复杂的系统，也有诸多的影响因子。本章基于谢高地等于 2005 年所提出的水资源人口承载力计算方法[54]进行计算。

其计算公式为

$$C_p = W_r / W_p \qquad (3.10)$$

式中，C_p 为水资源人口承载力；W_r 为水资源总量；W_p 为人均水资源占有量。

在我国，各区域水资源总量基本上是一个常量[47]，四川省也如此（表 3.19）。

表 3.19　四川省历年水资源情况

年份	地表水资源 /亿立方米	地下水资源 /亿立方米	水资源总量 /亿立方米
2001	2547.3	655.1	2550.2
2002	2063.3	541.5	2066.2
2003	2588.2	596.4	2589.8
2004	2432.6	582.9	2434.2
2005	2921	590.1	2922.6
2006	1864.2	534.6	1865.8
2007	2298.2	584.4	2299.8
2008	2488.3	598.2	2489.9
2009	2330.6	580	2332.2
2010	2573.7	595	2575.3
2011	2238.34	578.2	2239.49
平均值	2395.067	585.127	2396.863

数据来源：《中国统计年鉴》（2002~2012 年），《四川省统计年鉴》（2002~2012 年）

由表 3.19 可得，四川省近 11 年来的水资源平均总量为 2396.863 亿立方米。联合国规定的人均水资源丰水线为 3000 立方米/人、警戒线为 1700 立方米/人、下限值为 1000 立方米/人。此处选取警戒线标准 1700 立方米/人代入水资源人口承载力计算公式：

$$2030 年人口 = 2396.863 \times 10^8 \div 1700 = 14099.194（万人）\qquad (3.11)$$

所以，四川省 2030 年水资源人口承载力为 14099.194 万人。可以看出，四川省水资源人口承载力较大，这从侧面反映了四川省水资源丰富的事实。

3.4.5　四川省最大人口承载力

人口—资源—环境是一个庞大的巨系统，而其内部也受到各方面诸多因素的影响。任何一个单一的指标都受制于其他系统的影响，人口规模扩大，则影响的因素越来越多。这些因素有的是来源于人口本身，有的来源于人类构建的社会，也有的来源于地球自然资源。这些因素的作用或正面或负面，都在影响着地球上最智慧物种人类的发展。

资源和环境对人口的影响也不尽相同，在不同的社会发展水平和科技发展水平下，资源和环境所能承载的最大人口是不同的。而来源于资源和环境的影响因素对人口发展的影响力大小不同，如何将这些影响因素做对比和分析，甚至计算出在整个人口系统中的影响权重，是本章讨论的关键。本章将整个四川省内部作为一个大的系统建立指标体系，利用主成分分析法分析出影响人口发展各方面因素的权重，从而得出四川省人口承载力的综合性结果。

1. 指标选取原则

(1)科学性原则。从科学的角度，系统而准确地选取评价指标。数据来源要准确，处理方法要科学，具体指标能够反映出四川省人口发展的情况。指标必须目的明确、定义准确。

(2)系统性与层次性原则。指标必须能够全面地反映四川省与人口发展相关的各个方面，具有层次高、涵盖广、系统性强的特点。评价指标体系是一个复杂的系统，它包括若干个子系统，应在不同层次上采用不同的指标，有利于决策者在不同层次上对人口发展进行调控，对资源进行有效的配置。

(3)动态性与稳定性原则。指标内容在一定时期内保持相对稳定，选取指标应充分考虑系统的动态变化。选取能综合反映发展过程和发展趋势的指标，便于进行预测与管理。

(4)可操作性原则。指标系统并非越大越好，设立指标体系时，必须认真筛选，避免重复，充分考虑指标的量化及数据取得的难易程度和可靠性，内容简单，容易理解。

(5)区域性原则。所选取指标除了反映四川省人口状况以外还要复合四川省的发展状况，在一定程度上反映研究区域的现状。

(6)综合性原则。在选取指标过程中，应明白任何事物变化和发展都不止一个或单个指标的变化造成的，应该选择那些更客观和全面反映事物的综合性指标，但也不能忽视具有代表性的指标，如此更有说服力。

2. 指标体系的选取方向

由于区域是一个大型的开放系统，在社会高速发展的今天，区域内的人们对自己内部的自然资源依赖性越来越低，而且，在一定程度上，社会经济发展与自然资源减少的优势和劣势可以互补。区域承载力也不是一成不变的，是与资源环境和社会发展水平密切相关的，综合承载力在形式、内涵和应用上都会多种多样，本章科学选取各种指标来计算出各个影响因素对综合承载力的影响构成。

所以，区域人口规模不应该局限于某一个单一要素的承载力，而是取决于经济、资源、环境等诸多要素的综合承载力。

(1)经济社会系统。建立了社会系统是人类与地球上其他生物最大的区别，人离开了社会也就无法称为"社会人"，而人口与社会发展之间的关系也是相互促进、相互制约的，人口增多在一定时期内能促进社会发展，但是人口过多则加重社会供养的负担，这一点从发展中国家可以看出。同理，人口减少减轻社会负担，但是过于减少或社会步入老龄化，则无法继续推动社会向前发展。一个社会的发展水平在很大程度上取决于其经济发展，因此，本章选择反映经济发展的评价指标为第二和第三产业比重、人均固定资产投资额。

(2)资源系统。生存在地球上的生物无时无刻不在消耗着地球上的资源，人类也不例外。这些资源是人类生存及建立人类社会的物质基础，人类社会的经济发展需要以消耗自然资源作为代价。因此，某一地区的社会发展程度与其供养人口的多少都与这一地区所拥有的资源数量有着重要关系。所以，本章选择资源系统的指标有人均耕地面积、人均粮食产量、人均年用水量、人均能源消耗量、万元工业产值能消耗。

(3)环境系统。良好的生态环境会使某一地区的自然系统中的各个因素正常运行，无论是气候还是资源，这些都是人类生存的先决条件。环境系统是限制人类发展的一大因素。随着时代的发展，科技越来越发达，人类社会的发展不仅仅是人口数量的增加，也包括生活质量的提高。某一地区的环境质量好与否都能影响人口的发展，大部分人都会离开对自己无益的地方而向良好的生活环境靠拢，本章所选择的环境系统影响因素有森林覆盖率、人均公共绿地面积、建成区绿化覆盖。

3. 原始数据标准化

将四川省 2001~2011 年十年间评价指标的统计数据作为此次主成分分析的原始数据表，对四川省最大人口承载力的评价共选取了 10 个指标作为原始数据，如表 3.20 所示。以上指标中，第二和第三产业比重、人均固定资产投资额、人均耕地面积、人均粮食产量、森林覆盖率、人均公共绿地面积、建成区绿化覆盖面积为正向指标，即指标数值越大，评价结果越好；人均年用水量、人均能源消耗量、万元工业产值能为负向指标，即指标数值越小，评价结果越好。为保证评价指标方向的一致性，将年均用水量、人均能源消耗量、万元工业产值三个负指标做倒数处理。所有的指标变量在数量级和计量单位上有很大差别，所以需要将其进行无量纲化处理，以此来解决各数值不可综合性的问题。

将表 3.20 中的各指标源数据利用 SPSS16.0 软件进行无量纲化处理后可得到表 3.21。

表 3.20 四川省人口承载力指标体系原始数据

年份	第二和第三产业比重/% (X₁)	人均固定资产投资额/元 (X₂)	人均耕地面积/(公顷/人) (X₃)	人均粮食产量/(吨/人) (X₄)	人均年用水量/(立方米/人) (X₅)	人均能源消耗量/(吨标准煤/人) (X₆)	万元工业产值能耗/(吨/万元) (X₇)	森林覆盖率/% (X₈)	人均公共绿地面积/(公顷/万人) (X₉)	建成区绿化覆盖/公顷 (X₁₀)
2001	77.14	0.187	0.0508	0.0785	140.200	0.612	3.339	39.70	0.56	10127
2002	77.82	0.213	0.0479	0.0758	132.221	0.696	3.429	39.70	0.88	26905
2003	78.84	0.253	0.0458	0.0714	130.766	0.866	3.733	39.70	1.05	34973
2004	78.37	0.308	0.0454	0.0737	131.447	0.968	3.587	27.94	1.19	39781
2005	79.94	0.402	0.0452	0.0752	126.159	1.0450	2.861	28.98	0.66	11198
2006	81.64	0.518	0.0449	0.0790	262.659	1.150	2.649	30.27	1.33	42692
2007	80.76	0.664	0.0448	0.0772	262.613	1.273	2.502	31.27	1.37	45427
2008	82.41	0.853	0.0444	0.0766	255.309	1.328	2.217	30.79	1.44	49133
2009	84.17	1.338	0.0443	0.0763	273.798	1.483	2.086	34.40	1.59	54950
2010	85.55	1.509	0.0446	0.0767	283.7560	1.668	1.741	34.82	1.79	61738
2011	85.81	1.670	0.0440	0.0762	283.760	1.762	1.485	35.10	1.98	68330

数据来源:《中国统计年鉴》(2002~2012 年),《四川省统计年鉴》(2002~2012 年)

表 3.21　四川省人口承载力指标体系标准化后数据

年份	ZX_1	ZX_2	ZX_3	ZX_4	ZX_5	ZX_6	ZX_7	ZX_8	ZX_9	ZX_{10}
2001	-1.303	-0.974	2.561	1.168	0.821	1.996	-0.798	1.325	-1.561	-1.614
2002	-1.081	-0.925	1.129	-0.116	1.033	1.419	-0.858	1.325	-0.845	-0.721
2003	-0.748	-0.852	0.063	-2.209	1.074	0.596	-1.040	1.325	-0.465	-0.293
2004	-0.901	-0.752	-0.108	-1.122	1.055	0.241	-0.957	-1.352	-0.152	-0.037
2005	-0.389	-0.579	-0.221	-0.393	1.211	0.004	-0.415	-1.115	-1.34	-1.557
2006	0.166	-0.367	-0.368	1.364	-0.815	-0.239	-0.202	-0.822	0.161	0.118
2007	-0.121	-0.101	-0.438	0.525	-0.815	-0.484	-0.032	-0.594	0.250	0.263
2008	0.417	0.245	-0.593	0.271	-0.761	-0.578	0.362	-0.703	0.406	0.460
2009	0.992	1.129	-0.691	0.129	-0.892	-0.808	0.577	0.119	0.742	0.770
2010	1.442	1.442	-0.505	0.316	-0.955	-1.027	1.304	0.214	1.189	1.131
2011	1.527	1.735	-0.830	0.067	-0.955	-1.120	2.061	0.278	1.614	1.481

4. 计算结果

将表 3.20 各个指标数据用于 SPSS16.0 软件中进行分析，得出以下结果：

表 3.22 可以看出 KMO 检验值与 Bartlett's 球形检验。KMO 检验值是用于检验因子分析是否形适用的指标值，表 3.22 中 KMO=0.618>0.5，表示适用于分析；Bartlett 球形检验渐进 X^2 值为 157.687，较大；相应的显著性概率 Sig. = 0.000，小于显著水平 0.001，为高度显著，这表明所选指标数据适合进行因子分析方法。

表 3.22　KMO 检验与 Bartlett's 球形检验表

KMO 检验计量		0.618
Bartlett's 球形检验	卡方值	157.687
	df	45
	Sig.	0.000

表 3.23 展示了 10 个原始变量的变化，可以看出，大部分指标的变量共同度大于 90%，说明所提取的因子涵盖了原始指标的大部分信息，因子提取效果比较理想。

表 3.23　变量共同度

指标	初始值	提取值
X_1(第二和第三产业比重)	1.000	0.958
X_2(人均固定资产投资)	1.000	0.943
X_3(人均耕地面积)	1.000	0.963
X_4(人均粮食产量)	1.000	0.995
X_5(人均年用水量)	1.000	0.919
X_6(人均能源消耗量)	1.000	0.984
X_7(万元工业产值能消耗)	1.000	0.911
X_8(森林覆盖率)	1.000	0.970
X_9(人均公共绿地面积)	1.000	0.948
X_{10}(建成区绿化覆盖面积)	1.000	0.907

由表 3.24 可以得出因子分析每个阶段的特征根与方差贡献率。通过 SPSS16.0 软件中主成分分析法计算所选取的各项指标，得到了各个指标相关系数矩阵的特征值和与之相对应的方差贡献率，而且每个因子的特征值都大于 1，并且三个综合因子的累计方差贡献率达到了 94.976%，可以较好地反映所选指标的大部分信息。

表 3.24　总方差解释

因子	初始特征值			提取的平方载荷			旋转的平方载荷		
	合计	方差贡献率	累计方差贡献	合计	方差贡献率	累计方差贡献	合计	方差贡献率	累计方差贡献
1	6.929	69.286	69.286	6.929	69.286	69.286	6.371	63.707	63.707
2	1.445	14.445	83.740	1.445	14.445	83.740	1.770	17.698	81.406
3	1.124	11.235	94.976	1.124	11.235	94.976	1.357	13.570	94.976
4	0.310	3.100	98.076						
5	0.131	1.310	99.386						
6	0.030	0.296	99.682						
7	0.021	0.212	99.894						
8	0.008	0.076	99.970						
9	0.003	0.027	99.997						
10	0.000	0.003	100.00						

　　根据主成分分析的结果，第一主成分权重 W_1 与 X_1、X_2、X_3、X_5、X_6、X_7、X_9、X_{10} 有较强关系，从各指标的属性来看，W_1 反映的经济城市发展状态代表经济承载力；第二主成分权重 W_2 与 X_4 有正相关关系，反映资源的消耗量，主要反映资源系统；第三主成分 W_3 与 X_8 有正相关关系，反映了环境的承载力，代表环境生态系统。

　　综上所述，三个主成分权重 W_1、W_2、W_3 分别为 63.707%、17.698%、13.57%。有计算公式：四川省人口承载力 $=W_1×$ 经济人口 $+W_2×$ 资源人口 $+W_3×$ 环境人口，W_1、W_2、W_3 分别是经济、土地和环境要素承载力人口权重，分别为 63.707%、17.698%、13.57%，即四川省最大人口承载力 $=63.707%×$ 经济人口 $+17.698%×$ 资源人口 $+13.57%×$ 环境人口。

　　将本章前面计算出的各种条件下的四川省最大人口承载力结果带入上式，可以得出：2030 年四川省最大人口承载力为 10258.517 万人。

3.5　四川省适度人口研究

3.5.1　适度人口影响因素

　　(1) 社会经济发展水平。经济发展与人口之间的关系是既相互促进又相互制约的。当人口加速增多，超过经济承受力的范围时，就会制约经济的发展；若人口增长缓慢，甚至非常少时，由于缺乏劳动力，又不能推动经济和社会的发展。例如，西方发达国家的经济发展越来越缓慢，政府便提倡鼓励生育政策，便是为了推动经济的发展。我国计划生育政策的目的也是约束过多的人口对经济发展的限制。所以经济和人口的发展需保持一致，特定的经济时期都有与其发展水平相应的适度人口。经济的发展、科学技术水平的提高，会提高各种自然资源的利用效率，从而又能提高资源的人口承载力。

（2）自然资源。自然资源是人类生存与天地间所依赖的物质基础，是人类生活中不可缺少的重要部分。不论是在落后的远古时期还是在科技日新月异的今天，地区人口的数量和分布都与此地区内部的自然资源的多寡有着重大联系。地区在某一时期的自然资源是固定的，其资源数量在很大程度上决定了这一地区的人口规模。在开放性的社会，虽然许多本地稀缺的资源可以通过外来资源解决，而这些资源一般不会成为限制本地人口的一大因素。但是一些本地的不可再生的先天资源，如土地资源和水资源却决定了此地的人口规模。就如我国西部，资源匮乏土壤贫瘠之地人口稀少，而东部不论是经济还是自然资源都优于西部，所以东部人口明显多于西部人口。在此等条件下，唯一的办法就是利用科学技术提高本地各项资源的利用效率。

3.5.2　适度人口的计算

1. P-E-R 人口模型

朱宝树曾提出利用人口、经济及资源三大系统的协调发展来测算适度人口，即 P-E-R 人口模型，该模型被广泛应用于区域适度人口及人口承载力相关研究。P-E-R 人口模型旨在通过将研究区与一定参照区的经济、资源对比和计算，获得研究区人口、经济、资源的相对协调程度[55]。本书将借用 P-E-R 人口模型来预测四川省经济、资源的适度人口。其模型指标 P 代表现实人口数量，E 代表经济适度人口，R 代表资源适度人口，但是这一模型并没有考虑水资源在人口—资源—环境大系统中的作用，本章将基于上述前提，在 P-E-R 人口模型中加入水资源适度人口，计算公式为

$$P = W_1 \times E + W_2 \times R + W_3 \times W \tag{3.1}$$

式中，P 代表现实人口数量；E 代表经济适度人口；R 代表资源适度人口；W 代表水资源适度人口，W_1、W_2、W_3 分别为三种适度人口的权重；而 E＝地区国民收入总额/全国人均国民收入；R＝地区粮食总产量/全国人均粮食产量。因此有

四川省适度人口 $P = 63.707\% \times E + 17.698\% \times R + 13.57\% \times W$　（3.2）

2. 四川省适度人口计算

通过对 P-E-R 人口模型公式的讨论，可以根据表 3.25 计算出四川省 1992~

2011年各年份的经济适度人口和资源适度人口，从而建立起四川省适度人口的计算模型。

表 3.25 P-E-R 人口模型原始数据

年份	实际人口/万人	省内 GDP/亿元	全国人均国民收入/(元/人)	省内粮食产量/万吨	国内人均粮食/(吨/人)
1982	7300.4	275.23	527.78	720.7	0.349
1983	7336.9	311	582.683	707.3	0.379
1984	7364	358.06	695.201	693.4	0.390
1985	7419.3	421.15	857.820	663.6	0.358
1986	7511.9	458.23	963.187	667.8	0.364
1987	7613.2	530.86	1112.377	671.5	0.370
1988	7716.4	659.69	1365.506	679.8	0.355
1989	7803.2	744.98	1519.002	688.7	0.362
1990	7892.5	890.95	1644	698.5	0.390
1991	7947.8	1016.31	1892.760	704.8	0.376
1992	7992.2	1177.27	2311.088	702.9	0.378
1993	8037.4	1486.08	2998.364	705	0.385
1994	8098.7	2001.41	4044.004	701.5	0.371
1995	8161.2	2443.21	5045.730	705.49	0.385
1996	8215.4	2871.65	5845.887	713.77	0.412
1997	8264.7	3241.47	6420.180	721.14	0.400
1998	8315.7	3474.09	6796.030	733.81	0.411
1999	8358.6	3649.12	7158.5016	729.67	0.404
2000	8407.5	3928.2	7857.6761	685.44	0.365
2001	8436.6	4293.49	8621.706	662.69	0.355
2002	8474.5	4725.01	9398.0545	642.55	0.356
2003	8529.4	5333.09	10541.971	608.78	0.333
2004	8595.3	6379.63	12335.578	633.33	0.361
2005	8642.1	7385.1	14185.360	650.16	0.370
2006	8722.5	8690.24	16499.705	688.77	0.379
2007	8815.2	10562.39	20169.461	680.39	0.380
2008	8907.8	12601.23	23707.715	682.72	0.398
2009	8984.7	14151.28	25607.531	685.90	0.398

年份	实际人口/万人	省内 GDP/亿元	全国人均国民收入/(元/人)	省内粮食产量/万吨	国内人均粮食/(吨/人)
2010	9001.3	17185.48	30015.048	690.75	0.408
2011	9058.4	21026.68	35181.237	690.34	0.424

数据来源:《中国统计年鉴》(1982~2011 年),《四川省统计年鉴》(1982~2011 年)

根据表 3.25 可以计算出四川省 1997~2011 年各年的经济、人口容量和资源人口容量,如表 3.26 所示。

表 3.26　四川省历年经济和资源适度人口容量(单位:万人)

年份	实际人口	经济人口容量(E)	资源人口容量(R)	年份	实际人口	经济人口容量(E)	资源人口容量(R)
1997	8264.7	5048.877	1804.065	2005	8642.1	5206.142	1756.373
1998	8315.7	5111.940	1787.072	2006	8722.5	5266.906	1817.867
1999	8358.6	5097.603	1805.366	2007	8815.2	5236.823	1792.240
2000	8407.5	4999.188	1879.692	2008	8907.8	5315.245	1714.867
2001	8436.6	4979.861	1868.544	2009	8984.7	5526.218	1724.374
2002	8474.5	5027.647	1805.844	2010	9001.3	5725.621	1694.917
2003	8529.4	5058.912	1826.600	2011	9058.4	5976.674	1628.354
2004	8595.3	5171.732	1753.581				

由表 3.26 可以看出,四川省历年的经济人口承载力远远大于资源的人口承载力,间接反映出 1997~2011 年四川省的经济发展状况,经济人口承载力的变化不如人口自身的变化,说明四川省的经济较全国水平是较低的。而资源人口承载力更是在逐年减少,说明经济的发展导致耕地面积减少,资源人口承载力是呈负增长的,这也从侧面反映出资源是适度人口发展的短板。

将表 3.26 中经济适度人口和资源适度人口建立一元回归分析,对 2030 年的经济适度人口和资源适度人口进行预测得到:$E=6427.001$,$R=1532.012$,即四川省 2030 年经济适度人口为 6427.001 万人,资源适度人口为 1532.012 万人。

基于我国各区域水资源总量基本上是一个常量,旨在建立适度人口最和谐及资源最优质配置的情况下,选择联合国规定的人均水资源丰水线(3000 立方米/人)。四川省水资源平均总量为 2396.863 亿立方米,因此可以得出四川省水资源适度人口为 7989.543 万人。

将计算的经济适度人口、资源适度人口和水资源适度人口带入公式(3.2),可以得出 $P_{2030}=5449.766$,即四川省 2030 年适度人口为 5449.766 万人。

3.6　四川人口容量与资源需求

影响地区人口发展的因素有许多，而确立某一地区的适度人口无疑是复杂的。本节将用"木桶效应"来讨论这一问题。

将四川省比喻成一只装水的木桶，这只木桶由许多条木板箍扎而成，这些木板就是影响四川省适度人口的因素，其最大的盛水量不是由最高的木板决定的，而是由这只木桶最短的木板所决定的，即四川省的人口是由具有最小人口规模的要素所决定的，此要素才是决定地区人口规模的关键性要素。

四川省水资源丰富，平均年降水量约为 4889.75 亿立方米。水资源以河川径流最为丰富，境内共有大小河流近 1400 条，被誉为"千河之省"。四川省水资源总量共计约为 3489.7 亿立方米。地下水资源量为 546.9 亿立方米，可开采量为 115 亿立方米。有湖泊 1000 多个、冰川约 200 余条，湖泊总蓄水量约 15 亿立方米，加上沼泽蓄水量，共计约 35 亿立方米。水能资源理论蕴藏量达 1.43 亿千瓦，占全国的 21.2%，仅次于西藏。其中，技术可开发量为 1.03 亿千瓦，占全国的 27.2%；经济可开发量为 7611.2 万千瓦，占全国的 31.9%，均居全国首位。

林地面积为 3.6 亿亩，占国土面积的 49%。四川省林地面积占全国林地总面积的 7.6%，是全国林地资源大省。四川省森林面积居全国第四位，是我国三大林区、五大牧区之一和长江上游最大的水源涵养区。

四川省煤炭资源保有储量 97.33 亿吨，四川盆地天然气资源十分丰富，已发现天然气资源储量达 7 万多亿立方米。生物能源每年有可开发利用的人畜粪便量 3148.53 万吨，薪柴 1189.03 万吨，秸秆 4212.24 万吨，沼气约 10 亿立方米。泥炭资源初步查明储量约 20 亿吨。

可以看出，四川省水资源、森林资源与能源资源都非常丰富，在四川省可持续发展过程中起到积极的作用。

随着科学技术的进步，水资源、森林资源和能源资源的利用效率也会增加。而耕地是影响人类生存最重要的一部分，是人类生活、生产的最基本的物质基础。相对来说，耕地资源变得更为紧缺，因此成为四川省可持续发展的短板。

本节将主要分析四川省最大人口量和适度人口量两种状态下对耕地资源的需求量。

根据四川省 2030 年的最大人口承载力（10258.517 万人）和适度人口（5449.766 万人），测算出四川省在这两种人口状态下的资源需求量。

选取粮食年消费水平 0.0762 吨/人（四川省人均粮食占有量）、0.424 吨/人（全国人均粮食占有量）、0.35 吨/人（温饱型）、0.45 吨/人（小康型）与 0.55 吨/人（富裕型）五个等级消费标准。

单位面积产量选取四川省当前粮食产量 5.302 吨/公顷和 2030 年预测粮食产量 6.082 吨/公顷。因此，四川省 2030 年最大人口状态下土地资源的需求量如表 3.27 和表 3.28 所示。

表 3.27　四川省 2030 年最大人口承载力的耕地需求情况

标准	人均粮食占有量 /(吨/人)	所需粮食量 /万吨	粮食单产 /(吨/公顷)	所需耕地 /万公顷
2011 年四川	0.0762	781.699	5.302	147.435
			6.082	128.527
2011 全国	0.424	4349.611	5.302	820.372
			6.082	715.161
温饱型	0.35	3590.481	5.302	677.194
			6.082	590.345
小康型	0.45	4616.333	5.302	870.678
			6.082	759.016
富裕型	0.55	5642.184	5.302	1064.162
			6.082	927.686

表 3.28　四川省 2030 年适度人口的耕地需求情况

标准	人均粮食占有量 /(吨/人)	所需粮食量 /万吨	粮食单产 /(吨/公顷)	所需耕地 /万公顷
2011 年四川	0.0762	415.2722	5.302	78.324
			6.082	68.279
2011 年全国	0.424	2310.7014	5.302	435.8178
			6.082	379.924
温饱型	0.35	1907.418	5.302	359.754
			6.082	313.617
小康型	0.45	2452.395	5.302	462.54
			6.082	403.222
富裕型	0.55	2997.371	5.302	565.328
			6.082	492.827

从表 3.27 和表 3.28 可以看出，以四川省最大人口承载力 10258.517 万人和适度人口 5449.766 万人为基准计算，到 2030 年除了以四川省现有的人均粮食占有量 0.0762 吨/人计算耕地量有余以外，以其他标准来计算四川省的耕地资源都是不能满足人口耕地需求的，即使以全国人均粮食消费量为标准，四川省现有的耕地资源也是不能满足需求的。

其中很大的原因是因为四川省的耕地资源情况，由于其地形复杂，作为第一和第二阶梯的交界处，四川省群山环绕，与具有丰富的水资源和森林资源相比，耕地资源本身就偏少，尤其是西部落后地区，更是耕地匮乏。盆地内主要耕地集中在成都平原，而这个地方正是人口聚集、高速城镇化的地方，更是造成四川省仅有的优质耕地逐年减少。

四川省的实际人口适度人口规模并不协调，四川省的人口—资源—环境并不协调，系统内部各要素的关系并不符合可持续发展的要求。其中，经济对人口的承载力有着明显的作用，而资源却成为限制人口的重要因素，尤其是耕地面积，成为人口发展的短板。

这种现象不仅仅存在于四川省，其他省份甚至全国都存在。这与国内的发展理念有关，致力于发展地区经济，一味地追求 GDP 而无视资源和环境的保护，2013 年频繁的地质灾害和空气污染就是很好的证明。四川省 2012 年 GDP 排名全国第八，GDP 超过两万亿，说明四川省经济发展迅速。但是在资源环境保护方面却有疏忽，资源成为限制人口增长的重要因素。

但是，耕地资源预测并不是完全代表现实发展，即使在采用外来粮食的情况下，也要努力发展和推广科技农业，增加粮食单产量；必须开展保护耕地的活动，增加耕地面积的总量，并防止在高速城市化进程中浪费耕地。

3.7　本章结论

人口、社会、资源和环境组成的复杂系统要可持续发展，其内部各要素必须相互协调。本章立足于可持续发展，分析了国内外学者对于地区最大人口承载力和适度人口的研究理论和计算基础，构建了人口经济模型、人口资源模型和人口环境模型，利用数学定量分析法、多元回归分析、主成分分析法，分别从定性和定量的角度探讨了在不同约束条件下四川省 2030 年各种模型的最大人口承载力，并利用 P-E-R 人口模型对适度人口作了探讨。

本章得出以下结论：

本书建立了人口承载力评价体系，分别构建了人口与经济模型、人口与耕地资源模型和人口与水环境模型，通过定量分析，最终得出四川省 2030 年最大人口承载力为 10258.517 万人、适度人口为 5449.766 万人。在这两种情况下，经济资源在人口承载力中占主导地位，而自然资源由于其稀缺性所占权重很少。

从最大人口承载力和适度人口需求资源来看，结果并不理想。由于耕地的缺乏和人口的加速增长，四川省人均粮食占有量非常少，在未来任何一个标准下都不能满足人口对粮食的需求。在可持续发展与人口关系中，耕地资源成为可持续发展的短板。

如此，发达的经济和极低的粮食占有极度不协调，甚至是社会平稳发展的隐患，更凸显出四川省必须保护耕地甚至增加耕地面积及提高粮食单产量的迫切性。

　　本章研究四川省目前的经济、社会、资源、环境和生态环境状况的分析及与可持续发展之间的关系，对现实具有一定的参考价值，并且提出了相关政策建议。

　　本章对四川省人口承载力的研究涉及经济、社会、资源、生态环境、政策等多方面。由于本书研究最初假设四川省是一个巨大的封闭系统，但实际上这是不符合现实状况的，而且人口、资源、环境因素的发展都具有不可预测性和多变性，对人口预测模型的构建不够精确，不能涵盖所有的影响因素，而且因为部分数据缺失等，本章未做相关研究。因此，本章的描述并未涵盖所有方面，计算结果只作为一个参考，有待进一步探讨和研究。

第4章　四川可持续发展实验区的区域结构研究

——基于环境、资源、社会、经济的四川省主体功能区划研究

4.1　研究意义

经济发展与资源适度开发、环境保护的协调机制是社会经济可持续发展的规律所在。针对我国资源与环境面临的严峻形势，把"资源利用效率显著提高，生态环境明显好转"作为构建社会主义和谐社会的九大目标任务之一，专门提出"建设资源节约型、环境友好型社会"。这是可持续发展在我国经济社会建设实践进入更高层次的阶段标志，也是科学发展观的细化，深化可持续发展必须落实到统筹区域经济发展中来，即统筹区域资源、环境、经济的发展。

经济社会的发展在很大程度上是人口、资本和产业集聚的结果；以经济指标为度量的区域发展水平，往往导致区域通过对资本、产业、劳动力的过度吸纳来达到发展目标。而另一个客观存在的事实是，由于资源、环境的不可流动性和经济社会发展的非均衡性，区域之间及区域内部各单元之间发展的禀赋也不同。必须明确开发方向，完善开发政策，控制开发强度，规范开发秩序，逐步形成人口、经济、资源环境相协调的国土空间开发格局[121]。

四川省可持续发展实验区所处的区域环境具有总体人口数量巨大、人均资源量有限、区域发展不平衡的特征，各实验区因地制宜地拟定发展策略，达到区域综合经济社会效用的最大化；同时有利于四川省内其他区域借鉴可持续发展实验区的经验，实现不同类型区域可持续发展的顺利推进。由于人口相对于资源、环境而言，其发展的主动性使人类自身可以根据经济、社会、资源、环境的分布来"合理布局"人口分布，对于实施四川省"十二五"规划和推进四川省工业化、城镇化和农业现代化具有突破性意义。由于经济、社会、资源、环境协调发展的整体统一，以可持续发展思想统领主体功能区划，突出对影响人口分布和发展的环境、资源和基础服务的评价，将发展趋势定量化、指标化，既可为"主体功能区"的界定提供理论依据和科学参考，也可为可持续发展实验区和全省区域的发展提供模式指导。

合理的人口空间布局成为国家或地区可持续发展的有利条件。适当的人口空

间布局是指一地的人口数量和人口结构应与当地的资源、环境和经济条件相匹配。人口分布不合理的现象在世界范围内普遍存在，对于自然环境来说，人口过于拥挤和过于稀少的国家或地区都会影响甚至阻碍当地经济的发展。

4.2　研究背景

国家可持续发展实验区[①]从 1986 年开始进行可持续发展综合示范试点工作，旨在为不同类型地区实施可持续发展战略提供示范。可持续发展实验区的地区必须具备一定的可持续发展能力和推进可持续发展的经济与社会基础，科技支撑条件较好。因此，可持续发展战略的经济社会基础在这里已经提出了明确的要求。但是，对于可持续发展能力的评价一直以来没有统一的标准，特别是区域经济社会发展情况各异，也很难用固定的标准来限定。因此，尝试某一类型经济区域的可持续发展状况评价具有十分突出的实践价值；同时，各个区域的区划实践也为区划理论方法研究提供了扎实的研究基础，有助于提高主体功能区划的科学性。

西部大开发为四川省这个地处内陆的大省带来了发展机遇，追求经济雪球式膨胀还是区域产业合理布局，追求高速城市化还是人口的有序集聚，追求工业化遍地开花还是有选择地发展优势产业，资源掠夺型还是环境友好型，认真思考才能避免走东部大部分省区低级工业化的老路，使经济发展惠及社会各个层面，实现可持续发展的良好势头。

四川省提出"在建设工业强省为主导，大力推进新型工业化、新型城镇化、农业现代化，加强开放合作、加强科技教育、加强基础设施建设的背景下，实现发展有差异、区域有特色的发展梯队"，寻找制度化、规范化、程序化建设的突破点和契合点，必然要求形成区域经济差异化、互补性、有机性的高层次的发展局面。从这个意义上讲，合理设置主体功能区划将是实现制度化、规范化、程序化建设的前提，有利于回答制度化、规范化、程序化的路径和着力点等一系列问题。

4.3　主体功能区划研究进展述评

区域划分是地理学的重要研究方法之一，从区域的角度观察和研究地域特征，根据区域单一或综合特征来进行划分合并，有助于深入研究各区域单元的形成发展机制及区域间的相互关系。

[①]　国家可持续发展实验区申报范围：直辖市、副省级城市城区、地级市、地级市城区，以及上述行政区划的特定区域、县及县级市、镇级行政区。

4.3.1　国外区划工作概述

19世纪末，地理学区域学派的赫特纳指出，区域就其概念而言是整体的一种不断分解；19世纪初，德国的洪堡首先运用全球等温线图进行气候分区；霍迈尔也提出了地表自然区划和区划主要单元内部逐级分区的概念；蒙利亚姆（Merriam）首次以生物作为分区的指标；俄国的道库恰也夫发展了自然地带学说，根据地带演变进行自然区划；罗斯培和翁斯台提出类型的和区域的两类区划概念；美国学者贝利将地图、尺度、界线、单元等工具或概念引入生态系统区划中[121]。从自然地理区划的研究工作中可以看出，地域划分的研究对象主要是自然地理事物和现象，未考虑社会经济系统对生态系统的影响。随着人类社会对自然界影响程度和范围的增加，人与自然结合地域的分异研究更有实际意义，探讨自然地理因素影响下形成的社会发展机制及对自然环境的反作用成为区划发展的方向。

4.3.2　国内区划工作概述

我国最早的区划思想渊源于上古时期，经过春秋、战国时期后初见雏形，人们把华夏划分为九州，九州之间地理风貌和人文习俗有着明显的地域差异，因而具有区划的综合思想，以及区域单元依等级系统区划的模式[122]。近代的区划开始于20世纪20年代，主要以气候、植被等单一自然地理要素作为区划指标。受研究的客观条件和基本资料匮乏等的限制，研究不够严密，缺乏理论基础的指导。新中国成立以后，国家迎来了百废待兴的建设局面，特别是"五年计划"和《1976—1985年发展国民经济十年规划纲要（草案）》等国民经济规划的实施，需要对国家自然条件和自然资源进行了解和梳理，从而结合各区域单元的实际情况开展工农业生产布局。众多学者先后提出了综合自然区划方案，满足了社会生产实践的需求；地理学的区域研究资料得到了充实，形成了我国经济地理和区域地理的基本观点。从20世纪末至今，区划工作进入综合区划研究阶段。综合自然区划是认识自然界自然地域差异的重要方法，对于分析自然环境的演化机制、人地系统的相互作用机制及区域发展演变趋势是十分必要的。

20世纪90年代末《21世纪议程》颁布，可持续发展思想深入人心，防止自然环境恶化和改善生态系统、提升环境质量成为可持续发展的着力点，促使生态区划、生态功能区划等研究发展迅速。生态区划是综合自然区划的深入，它是从生态学的视角诊视区划。区域性区划包括区域综合区划和部门专业区划两类，一些典型区域或流域均进行了综合自然区划工作。区域性区划研究针对性强，研究对象明确，可以实地调查取得数据资料，研究基础较为扎实。另外，区域性区划的研究方法较为丰富，可以在较小尺度的地理空间内进行类比分析，也可以做时序上的动态分析，因此研究较为深入和显著。

区域区划方法不一而足，但主要方向可归结为指标分解法和聚类复合法两种类型。在区域经济区划和土地区划中实行总量控制，采取指标分解的方法，结合区域单元实际情况，从上而下形成区划类型。在自然区划中，多采取在具体的等级值进行聚类。另外，创设模型、应用计算机模拟、地理信息系统等技术手段的应用，提高了区划的逻辑性和严密性。数据的处理和信息集成方法有叠置法、主导标志法、景观制图法、聚类分析法[123]。

4.3.3　主体功能区划述评

20 世纪 90 年代以来，我国的经济出现了区域性不平衡问题，除环境污染、生态系统失衡、资源枯竭等问题外，主要表现为国土开发和建设布局无序乃至失控；城市问题严重、城乡差距过大。"诸侯经济"明显，部分发达地区过分追求独立、完备的工业体系，而贫困地区发展缓慢。区域发展差距扩大，不协调问题比较突出。在市场经济条件下，区域规划特别是主体功能区划是新时期加强政府宏观调控的重要环节。2010 年 12 月颁布的全国主体功能区规划，是国土空间开发的战略性、基础性和约束性规划。主体功能区划成为构筑我国有序区域发展格局的准则，各个区域依据在全国主体功能区划的定位，制定区域发展目标和战略，对区域规划的理论和方法创新提出了紧迫的需求。

1. 主体功能区规划的理论探索

全国主体功能区由国家主体功能区和省级主体功能区组成，分为国家和省级两个层次编制规划，市县两级行政区空间尺度较小，空间开发和管理的问题更具体，不必再划定主体功能区。国家主体功能区规划主要从区域的资源环境承载能力、现有开发密度和发展潜力出发进行划分[124]，研究者对前述内容从不同角度提出了不同的规划技术方法，选取区划指标、构建区划指标体系，根据数据分析结果进行四类主体功能区划分[122]。我国自然区划长期的资料积累和方法探索为主体功能区划提供了自然和社会、经济资料，同时区划的方法，特别是综合自然区划的方法，有很强的指导意义。多维意义的目标及区划的复合功能特征，对传统聚类区划方法提出了挑战。目前，江西、黑龙江等省份的主体功能区划将九个区划指标归为三大类，即经济社会发展指标、生态脆弱性重要性指标和基础承载力指标；然后对三类指标进行指数评价，前两类的指数值相减，得到主体功能区的基本类型，对基础承载指标通过正弦变化，转化为取值在一定范围内的标准化指数，对分区起到辅助意义；对三类指标指数分别定为 3、3、2 级，组合得到 18个地域类型，将其分别归于四类功能区中[125]。黑龙江省则采取分级赋值，然后叠置复合后以主导因素法来决定完整行政区域的区划类型[126]。部分研究采取生态和社会经济指标的叠加分析来划定主体功能区，创建"经济社会综合发展潜力和生态敏感性评价矩阵"（表 4.1），得出区域主体功能区类型[125]。

表 4.1　社会综合发展潜力和生态敏感性评价矩阵

地域主体功能区		经济社会协调性			
		高	较高	中	低
生态敏感性	高	适度保护区	适度保护区	控制开发区	控制开发区
	较高	适度保护区	适度保护区	控制开发区	控制开发区
	中	适度开发区	适度开发区	适宜开发区	农业发展区
	低	重点开发区	重点开发区	适宜开发区	农业发展区

　　各地学者对省域的主体功能区规划也进行了探索性研究，在指标选取上，主要有以下两类：以人口、经济、资源、环境等类别作为一级指标，在其下设立单项子指标；根据指标的属性，以因素、状态和响应类别作为指标的准则层，其下为交叉指标。区划的技术路线有以下几类：聚类分析法、主成分分析法、主导因素判别法、矩阵判别法、叠置复合法等及综合方法的运用。例如，陈云琳在《四川省主体功能区划分探讨》中以海拔和年降雨量为依据将限值以外的县级行政区域判别为限制开发区域；对剩余样本根据选取的指标计算结果进行聚类分析，其选取的指标包括经济、资源、人口和国土开发密度四类[127]。顾朝林运用景观生态分析法、多因子分析法、地图叠置法、地理要素综合法等综合区划的原理和方法对盐城进行主体功能区划[128]。

　　在主体功能区划的研究中，主要存在以下几个问题：

　　(1)由于主体功能区规划的综合性和协调性特征，在选取指标上，合理的范围和数量尚没有较为一致的标准。概括性太强、指标太少，不能完全考虑区域的发展特征和信息。例如，自然环境方面，自然条件和环境因素不能互相取代，且二者对可持续发展的作用不同，部分指标不可互相替代。选取指标太过繁杂，则分类和定性都很困难，而且在某些指标上存在的重叠信息难以辨识。

　　(2)在信息处理的方法上，缺乏可靠的理论支持。数据处理上过于随意，缺乏严谨的数学论证；而部分数理模型仅仅就数据论数据，处理结果解释困难。最后，对区划结果即功能区类型存在一定的争议。出于区划战略的执行考虑，要尽量考虑行政区的一致性，这一区划原则与"打破行政区划分割"的区划目的存在矛盾。

　　(3)在省级主体功能区内，对于区域的功能区类型分为四类、三类还是二类存在不同的观点。例如，限制开发区内应该划分为三类功能还是四类功能区需要根据实际情况进行分析。

2. 全国主体功能区划的评析

2010 年年底，国务院印发了《全国主体功能区规划》。"十一五"规划与"十二五"规划同时强调了区域总体发展战略和主体功能区发展战略。在诸多自然社会因素的综合评价的基础上，以调整优化结构、保护自然和集约发展为准则，对我国区域的发展蓝图进行了新布局。

综合性、协调性和持续性特征是全国主体功能区划区别于其他规划和区划的突出特征。根据各区域的资源环境承载能力来确定人口和经济总量指标，同时考虑社会经济基础和区位优势等因素，其综合性是其他单项规划和区划所未涉及的；区域总体规划一般具有较强的阶段性和演变特征，而由区域资源环境所决定的主体功能具有较强的持续特性特征。

主体功能区划为分区管控模式提供了理论基础和制度框架。主体功能区战略的实施将按照分类调控模式进行，这将有利于改变当前以经济指标 GDP 为政绩考核地区发展水平的管理评价模式，避免区域恶性竞争、重复建设和资源浪费现象的发生。

协调性的机制是全国主体功能区划的核心功能。区域的发展依赖于区域经济的发展，很大程度上地区经济的腾飞要依靠工业的发展，所以发展工业成为地区发展战略的首选策略。环境保护需要巨大的资金投入和技术支持，同时环境保护的社会效益并不明显。因此，地方政府在环境保护方面缺乏积极性。在地方政府面临经济发展压力的情况下，要实现地区发展和环境保护的双重目标，区域协调机制成为解决困局的唯一解。

3. 四川省在全国主体功能区划中的有关内容

全国主本功能区中四川省的有关类型分布如表 4.2 所示：

表 4.2　全国主体功能区中四川省的有关类型分布[①]

功能区类型	名称	分布	功能
重点开发区域	成都经济区	成都、德阳、绵阳、雅安、眉山、资阳大部分地区、遂宁部分地区、乐山部分地区	西部地区重要的经济中心、西部重要的综合交通枢纽、商贸物流中心和金融中心，以及先进制造业基地、科技创新产业化基地和农产品加工基地
	优势矿产资源勘查开发基地	攀枝花	开发利用攀西钒钛资源，加快技术攻关，进行保护性开发
	西南地区能源重点开发区	长江上游及支流	以水电为主体的综合性能源输出地

---

① 该划分根据全国主体功能区规划整理。

功能区类型	名称	分布	功能
限制开发区域	川滇森林及生物多样性生态功能区	四川西南、云贵高原边缘	保护森林、草原植被，在已明确的保护区域保护生物多样性和多种珍稀动植物基因库
	秦巴生物多样性生态功能区	四川北、秦岭南麓	恢复山地植被，保护野生物种
	优质水稻产业带	成都平原和川东丘陵	农产品主产区
	西南小麦产业带和玉米产业带	丘陵山地旱作农业区	优势特色农产品的发展
禁止开发区域	国家级自然保护区	川西高原	在科学上有重大国际影响或有特殊科学研究价值
	世界自然文化遗产	九寨沟、黄龙、峨眉山、乐山、青城山和都江堰与大熊猫栖息地	世界文化和自然遗产
	国家级风景名胜区	九寨沟、黄龙、峨眉山、乐山、青城山、都江堰、贡嘎山、蜀南竹海、西岭雪山	有重要的观赏、文化或科学价值，景观独特，国内外著名、规模较大的风景名胜区
	国家森林公园	分布于城市近郊、山地与名胜区	具有国家重要森林风景资源，自然人文景观独特，观赏、游憩、教育价值高的森林公园
	国家地质公园	龙门山、自贡恐龙、安县生物礁、大渡河峡谷、海螺沟、黄龙、九寨沟、四姑娘山、兴文石海、射洪硅化木、华蓥山和江油地质公园	具有国家级特殊地质科学意义，以较高的美学观赏价值的地质遗迹为主体，并融合其他自然景观与人文景观而构成的一种独特的自然区域

四川省位于西南地区，四川盆地和成都平原介于高海拔的青藏高原、崎岖的云贵高原及秦巴山地之间，地形以平原、坝地、丘陵和中低山地为主，对于城市化和人口集聚的优越性弥足珍贵。在推进形成主体功能区、着力构建我国国土空间的"三大战略格局"中，四川省成都市和成德绵乐沿线地区被列入重点开发地区，作为城市化的人口集聚区和区域经济的增长极和增长轴。攀西区域的钒钛资源具有全国意义，是重要的稀有金属矿产勘探开发基地。

四川省作为江河的源头，河流蕴藏着丰富的水能资源，建设西部水电基地是国家能源开发的重点。另外，丰富的天然气资源也自给有余，发展天然气化工和向境外输出是能源基地建设的重要方向。

四川盆地开发强度相对较高，可利用土地资源具备一定潜力。水量比较丰富，水资源保障程度较高。水稻产区优质高产、自给有余，同时，低山丘陵区旱作种植玉米、小麦，对于区域内粮食自给具有意义。成都平原灌溉农业发达，用水量大，在干旱年份缺水季节易出现水资源紧张状况。

成都地区大气环境质量总体一般，水环境质量较差，部分河段化学需氧量排放存在不同程度超载。该地区属于亚热带湿润季风气候，四季分明，热量丰富，雨量充沛，雨热同期。土壤类型多样，平原以灰色及灰棕色潮土为主，低山及丘陵为紫色土。

川滇森林及生物多样性生态功能区和秦巴生物多样性生态功能区是主要江河的发源地和水源涵养地，生态意义显著。四川省绮丽的自然景观和生态、地质景观，在全国乃至世界占有重要地位。九寨沟、黄龙、都江堰、大熊猫自然保护区等旅游景区的生态环境对世界生态环境具有重要影响。

4.4　四川省可持续发展实验区主体功能区划

4.4.1　四川省可持续发展实验区主体功能区划的科学基础

1. 空间均衡模型

主体功能区具有区域协调的功能，也是一种区域发展的组织模式。就主体功能区划的目的而言，与空间均衡模型是一致的。空间均衡模型的意义是综合发展水平的大体相等。而综合发展的意义是可以探讨的，樊杰认为，经济发展、社会发展、生态环境等构成综合发展状态[129]。因此，区域内各单元可以在发展中突出自己的功能定位，达到综合发展水平相当的均衡状态。

设区域 A_i 和区域 A_j 的人口总量分别为 S_i 和 S_j，则区域综合效益的表达函数

$$D_i = \frac{\sum D_{im}}{S_i} = \frac{\sum D_{jm}}{S_j} = D_j$$

可见，实现区域发展空间均衡的必要条件就是实现区域发展空间均衡的正向过程。换句话说，功能区的形成有利于不同功能区的综合发展状态人均水平值的差距缩小。主体功能区规划必须满足区域均衡化的形成条件，否则主体功能区的目标就不能实现。合理的主体功能区划是实现区域均衡化的前提，也是主体功能区目标实现的基础。

2. "区域均衡化" 的综合效益最大化

区域综合效益的静态评价主要是考察区域现状发展水平的综合效益，即各区域的效益之和最大，而区域的持续发展要求必须从动态方式来考察区域长期的发展结果；主体功能区规划具有实现国土优化开发和可持续开发的规划目的。因此，实现发展的最优短期目标和最优长远目标的统一，是主体功能区划必须考虑的内容。在实现主体功能区划目标时，实现空间均衡过程，必须考虑时间因素。

3. 地理学的空间区位理论、空间结构理论、增长极理论

中心地理论是研究城市空间组织和布局时探索最优化城镇体系的一种城市区位理论。假定某个区域的人口分布是均匀的，那么为满足中心性需要就会形成中心地商业区位的六边形网络，克氏的中心地理论是地理学由传统的区域个性描述走向对空间规律和法则探讨的直接推动原因，初次把演绎的思维方法引入地理学，研究空间法则和原理，成为区域经济学研究的基础理论之一。把中心地体系作为一个完整的区域经济系统，借助中心地与市场区域间的关系，可用于研究布局区域的主体功能，主体功能区类型之间的相互关系也需要遵守中心地理论的区位原则。

实际上，中心地理论存在着"动态"平衡，增长极理论是不平衡发展论的依据之一。法国经济学家弗朗索瓦·佩鲁认为经济空间并不是平衡的，而是在增长极的带动下的极化过程。布代维尔认为，经济空间具有三种类型：极化空间、匀质空间和规划空间。在区域发展态势上，每一个发展区域各具特征，在极化空间，经济结构高效集约；在匀质空间，市场机制发挥主要作用；在规划空间，发展取决于规划定位，即政策支持。主体功能区划的目的也是为契合经济空间的特征，顺应区域发展趋势，引导区域发展结构的最优化。

相对于大城市，小城市和小城镇通常是周边农村地区的交易、物流、服务、行政中心，以及地方性企业的聚集中心；没有大城市的带动，孤立的小城镇难以发展，也难以取得良好的经济效益。同理，优化主体功能区与重点开发区、限制开发区的关系也存在着相互依赖和分工的关系。

4.4.2 四川省可持续发展实验区概况及主体功能区内涵

1. 区位因素

四川省位于中国西南部($97°21'E\sim108°33'E$，$26°03'N\sim34°19'N$)地区，地域辽阔，行政区面积为48.6万平方千米。与中国西部直辖市重庆市地缘联系紧密，位于青藏高原东南边缘，长江上游及上游主要支流贯穿全境，西北与青海、甘肃接壤，北部隔秦岭与关中经济区相连，西南接云南、贵州、西藏等高原省区，自古为西南地区政治经济文化地带；省会成都市"十二五"期间已建设成为西南地区的物流、商贸、金融中心，西部通信枢纽和交通枢纽。

2. 自然条件[①]

四川省地处亚热带，纬度位置为$26°03'N\sim34°19'N$，夏季炎热多雨，冬季温

---

① 根据四川省1960～2000年气象资料整理。

暖较干燥，东南部地区夏季最热月气温在 36℃以上，河谷地带较为湿热，成都平原夏季气温较同纬度地区稍低，西部高原山地气温在 25℃以下，较为凉爽。1 月平均温度在 0℃以上，极端气温除高寒地区达到－20℃以下，大部分地区极端气温达－5℃。四川省多年平均降水量为 1152 毫米，盆地中部的遂宁降水最少，多年平均降水量在 550 毫米，西部山区降水较多，南部的攀枝花多年平均降水量达2000 毫米以上，但降水量分配不均，春夏之际蒸发旺盛多形成干旱。甘孜州和凉山州纬度较低，海拔较高的高原山地和河谷地带气候呈垂直性变化，气候类型丰富。地形以盆地、丘陵和川西高原、山地为主，平原有主要位于盆地西部的成都平原和安宁河谷。

3.　资源享赋

四川省位于长江上游金沙江第一和第二阶梯分界线上，落差超过 3000 米，河流蕴藏着巨大的水能资源，四川省水力资源理论蕴藏量为 1.4 亿千瓦，理论年发电量为 1.2 亿度，是我国三大水电基地之一。四川省矿产资源丰富，矿产种类齐全，四川西南的攀枝花是我国重点开发的冶金基地，自贡、宜宾是重点建设的化工基地。四川省旅游资源丰富，高级别的自然景观和人文景观数量众多。四川省拥有 9 个国家级重点风景名胜区，2 处世界自然遗产；以珍稀动物、植物和独特生态为保护对象的自然保护区 17 处。

4.　生态环境

四川省地处长江上游，降水丰沛，是河流的重要水源补给区，森林植被具有较好的涵养能力，同时，山地坡度较大，植被破坏易导致水土流失。由于森林植被长期破坏，生态环境已逐渐恶化且有扩大的趋势，环境恶化的初步表现为水土流失。若任环境不断恶化、土地沙化、石漠化加剧，环境将向着不可逆转的方向发展。

5.　四川省可持续改革实验区主体功能区内涵的界定与分区原则

参照全国主体功能区划原则，依据《省级主体功能区域划分技术规程》的要求，对四川省主体功能区划分的指标项进行计算和分析，并对四川省域国土空间进行综合评价。运用指数评价法、指标判别法、主导因素法等方法，获得多个区划备选方案，通过定量与定性方法的综合集成，确定区划的指标体系，明确各类主体功能区的性质、功能和范围，以及功能区的主体定位、发展特征、依附关系等。省级主体功能区包括以下四种类型。

(1)省级优化开发区，指在该地区经济基础最好、人口聚集度较高、资源环境承载力接近饱和的区域。作为区域社会经济发展的增长极，该区具备资金、科技和信息优势，引导着整个区域的经济、社会发展方向。该区是四川省经济优化发展和人口集聚的核心区域，经济发展方式将转变到以资金密集型、技术密集型产业和提供金融信息服务的现代服务业为主；也是城市化的核心区域，建设功能完善、环境友好的新型城市将改变人们对城市的传统印象。承载区域其他类型地区的人口转移也是该区域的重要功能之一。

（2）省级重点开发区，指在该地区内资源优势明显、环境适宜性较好、有一定社会经济基础的区域。重点开发区域承担着区域新型工业化的重任，在充分利用自身资源和区位优势的同时，聚集一定规模的人口，是今后该地区工业化和城镇化的重点区域，同时承接限制开发和禁止开发区域的人口转移，支撑本地区经济发展和人口集聚的重要空间载体。

（3）省级限制开发区，是在功能区类型中协调性意义较显著的一类区域。在社会、经济基础方面，限制开发区与优化开发区和重点开发区相比较为薄弱；同时，环境适宜性较强，可以承担一定强度的农业、副业和旅游开发，所以限制开发区域的发展目标依附于所服务的主体功能区。限制开发区又可分为下列功能类型：农业主体功能区、休闲旅游区和生态保护主体功能区。限制功能区为优化和重点开发区提供农副产品、生态资源和旅游产品，同时对自身资源进行保护开发，区内的人口以有序集中和转移为主，产业多为涉农和生态旅游相关的低碳产业。充分利用区内资源，提高生产效率，保障区域的粮食、生态安全是该区域的发展目标。

（4）省级控制开发区，生态环境极度脆弱或在区域内承担着重要主体功能的区域。省级控制开发区包括全国主体功能区划所规定的禁止开发区及其外围缓冲区域、环境恶化区域和生态破坏严重的区域。控制开发区域是指区内的开发利用不当产生的问题可能对整个区域甚至更高级别区域系统造成严重后果的区域。因此，控制开发区的发展策略是保持其自然修复能力，对区域自然生态系统进行严密监测，适时进行人为维护。控制开发区内应逐步减少社会经济载荷，实现人口向区外转移，在保证区域自然生态系统良性循环的前提下建设保护性设施。

4.4.3 功能区划的技术方法

4.4.3.1 主体功能区划的技术流程

主体功能区的研究技术路线如图 4.1 所示。

4.4.3.2 区划指标及其含义

根据可持续发展的内涵和经济地理规律，借鉴国内外可持续发展评价指标体系和主体功能区划方案，将指标体系分为限制性影响指标，即自然环境适宜性、资源和社会经济基础承载力指标、可持续发展潜力指标，具体内容如表 4.3 所示。

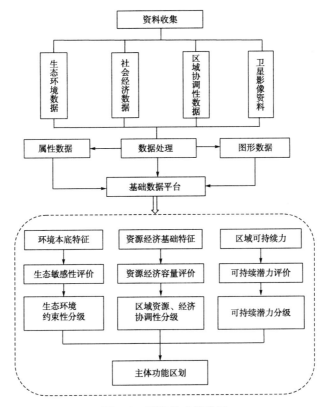

图 4.1　研究技术路线图

表 4.3　四川省可持续发展实验区的主体功能区划指标初选

目标层	准则层	因子层
环境敏感性评价	地形起伏度	X_{11}区域最高海拔
		X_{12}区域最低海拔
		X_{13}行政区面积
	地被指数	X_{14}森林覆盖率
	气候适宜度	X_{15}年平均气温
		X_{18}年平均湿度
		X_{19}月降水量与蒸发量最大差
		X_{110}年平均蒸发量
		X_{111}年平均降水量
		X_{112}年最大风速
		X_{113}年平均风速
		X_{114}年平均日照时数

续表

目标层	准则层	因子层
环境敏感性评价	水文指数	X_{116}水域面积
		X_{117}可供水资源量
区域资源 协调性评价	土地承载力	X_{21}粮食总产量
		X_{22}人均粮食占有量
	水资源承载力	X_{23}水资源总量
		X_{24}人均可用水量
区域社会经济 协调性评价	社会经济条件	X_{31}区域 GDP
		X_{32}人均 GDP
		X_{33}第二产业产值
		X_{34}第三产业产值
		X_{35}出口总额
		X_{36}人均固定资产投资总额
		X_{37}财政收入
		X_{38}居民收入
		X_{39}人均消费总额
	基础设施水平	X_{310}医务机构数
		X_{315}中学教师人数
		X_{311}医务技术人员数
		X_{312}农业机械总动力
		X_{313}农村用电量
		X_{314}中学学校数
		X_{315}生活污水排放达标率
		X_{316}空气质量优良率
		X_{318}环境污染治理投资总额
	交通条件	X_{319}公路通车里程
		X_{320}公路旅客周转量
		X_{321}公路货物周转量
		X_{322}铁路通达里程
		X_{323}人均道路面积

续表

目标层	准则层	因子层
区域可持续发展力评价	人力资源潜力	X_{41} 中学生数量
		X_{42} 研究与开发(R&D)人员折合全时人员
		X_{43} R&D 经费内部支出
		X_{44} 人口死亡率
	资本增值优势	X_{45} 人均 GDP
		X_{46} 人均储蓄额
		X_{47} 人均固定投资额
	环境资源保有量	X_{48} 生活污水排放达标率
		X_{49} 空气质量优良率
		X_{410} 国家森林、公园、国家自然保护区、风景旅游度假区、自然文化遗产区的数量

1. 环境敏感性指标

科学、可行的划分标准和指标是合理区划的基础。目前，主体功能区的划分还有待探讨。中国科学院的相关研究有较强的指导意义。选取海拔、水资源量两个指标作为自然条件系统的指标，人均工业总产值、人口密度、城市化水平三个指标作为社会经济系统的指标，并且特别强调自然条件对功能分区的决定性作用。根据中国科学院的研究，海拔大于 3000 米或年降水量小于 200 毫米是确定保护区的依据，因为高海拔地区发展经济成本高昂，而且生态环境也容易遭受破坏；水资源缺乏的地区，人们的日常生活难以保证，如何开展经济发展和生态建设，这一限制开发的指标非常适合四川省的实际情况，川西山地与盆地内部的地形、海拔相差悬殊，自然条件恶劣，生态脆弱。同时，川西山地与盆地又是江河水源涵养区，有必要作为限制开发区。X_{11} 区域最高海拔、X_{12} 区域最低海拔、X_{111} 年平均降水量均体现了海拔对生存环境的决定作用和坡度对生产、生活适宜性的影响。但是降水和风速的极值年份变化极大，获得的统计数据也不够准确、全面，故不作为评价指标。

但是，功能区之间的界限应当是渐变过渡的，这一观点在学界也有认同，樊杰在《中国主体功能区的功能区》中认为，四类主体功能区中，两类是开发型，两类是保护型，缺少中间的过渡型[125]。因此，在限制性指标的基础上提出适宜性指标，考虑了地形海拔的渐变因素。同时，水分和热量及地形条件的配合，良好的植被条件对环境质量改善也有明显意义；极端灾害性天气(降水过于集中、干旱、炎热、低温冻害)对环境适宜性方面影响也很大。在估量其影响人口分布和社会经济发展时，综合指数包含了这一含义，从区划的地学基础来讲，这种过渡渐变与特征量变的统一是对自然区划方法的延续。

2. 资源基础承载力

不论从全球范围还是经济区域内部来看，粮食和水都是人类社会维持生活的必需品，而且由于其持续不断的巨大消耗量，粮食和水成为限制区域整体和局部发展的必要条件。区域粮食产量和可用水资源量在区域发展中的限制作用明显。随着生活水平的提高，人均能源消耗需求也是不断增长的。电力和天然气的长距离输送及太阳能、风能、核能等新能源的利用，使得能源对区域的限制作用逐渐降低。特别是四川省作为江河的上游，水能资源丰富，是西电东送的主要电源基地，区内电力是比较优势，而不是限制性因素。四川省的天热气资源也极其丰富，故不考虑能源对区域可持续发展的制约。

3. 社会经济承载力

社会经济现状对可持续发展的影响很大，但对人类生存和发展及健康水平的影响主要表现在以下几个方面：首先是经济发展对大气、水体和植被的破坏，可能导致区域环境恶化和生态功能缺失，进而影响区域的发展。其次是经济发展水平决定了区域在技术革新和资金投入方面的能力。可持续发展需要高效、清洁的生产技术和科技研发支持，也需要发达的金融、信息服务。最后，健全的社会福利和良好的基础配套是可持续发展的目标之一。

4. 可持续发展力

参照世界银行的"总量资本化法"评价的评价思路，人力资本在国家和地区财富值中占有的比重最大，人力资源的文化素质和身体素质是地区发展最具活力的要素，故选取教育文化程度、预期寿命等指标。当今环境质量总体恶化，环境质量较高的自然保护区、风景名胜区等成为稀有资源，旅游休闲产业成为朝阳产业，也是地区发展形象的良好象征。一个地区保护区的数量和面积比重是区域环境生态资源的体现。矿产资源作为原材料，对经济的基础作用明显，但该特征指标难以获取；另外，随着科技的发展，替代性资源不断出现，使得资源的利用范围大大拓展，故不考虑矿产资源指标。在市场经济条件下，资本作为一种支配权力，地区的资本存量和资本增值能力对经济发展的影响很大，特别是欠发达地区的发展，需要投资作为启动才能实现区域经济的循环和结构优化。故选取人均GDP和人均投资额等指标表征资本的衍生能力。

4.4.3.3　数据处理

对于主体功能区发展水平的评价，大多采用定性与定量结合的方法，选取代表区域发展基础和水平的指标，定性方法较多考虑到指标与环境生态的相关性，难以刻画长期以来指标变化对生态的影响程度。定量方法对于各指标间的属性及相关性解释较为困难。根据资源环境指标多年的变化率，结合变化率的大小来分配的指标在评价指数中的权重，评价地区环境资源承载力变化情况。求取资源现状指标对于消耗性指标的导数，求得某一地区的可持续发展指数，从而对区域进行分类。

1. 环境敏感性指数

环境敏感性评价指标如表 4.4 所示：

表 4.4　环境敏感性评价指标列表

目标层	准则层	因子层
环境敏感性指数	地形起伏度	X_{11} 区域最高海拔
		X_{12} 区域最低海拔
		X_{13} 行政区面积
	地被指数	X_{14} 森林覆盖率
	气候约束指数	X_{15} 年平均气温
		X_{16} 年最热平均温度
		X_{17} 年极端低温
		X_{18} 年平均湿度
		X_{19} 月降水量与蒸发量最大差
		X_{110} 年平均蒸发量
		X_{111} 年平均降水量
		X_{112} 年最大风速
		X_{113} 年平均风速
		X_{114} 年平均日照时数
	水文指数	X_{116} 水域面积
		X_{117} 可供水资源量

由表 4.4 可知，生态敏感性数据主要包括区域内地形、气候、水文和地被覆盖率各项指标，地形、气候和水文指标为多年平均值，并且无明显变化规律和发展趋势，属于区域本地属性值。森林覆盖率指标在各市/州的变化情况也有差别，总体而言，川东丘陵和成都平原的森林覆盖率的增长潜力不大，四川省西部山区正处于对生态破坏区域进行修复的过程，森林覆盖率有所上升。很明显，近年来森林覆盖率上升明显的区域，即生态环境重点修复区域，如国家天然林保护工程区、自然保护区等，属于生态敏感性较高的区域。在主体功能区类型中，这些区域属于限制开发和禁止开发的类型。地被指数就是关于森林覆盖率及其增长率的函数。

$$[\text{地被指数}] = F([\text{森林覆盖率}], [\text{森林覆盖率增长率}])$$

$$[\text{森林覆盖率增长率}] = ([\text{2011年森林覆盖率}]/[\text{2007年森林覆盖率}])^{1/5}$$

线性插值法进行无量纲化处理如下：

（1）对于正向指示环境敏感性的指标，适用公式

$$X = \frac{X_{\text{MAX}} - X_i}{X_{\text{MAX}} - X_{\text{MIN}}} \tag{4.1}$$

（2）对于逆向指示环境敏感性的指标，适用公式

$$X = \frac{X_i - X_{\text{MIN}}}{X_{\text{MAX}} - X_{\text{MIN}}} \tag{4.2}$$

（3）对于接近中值为最佳状态的，适用公式

$$X = \frac{X_i}{\sum\limits_{i=1}^{n} X_i} - 1 \tag{4.3}$$

式中，n 为样本数量。

然后，利用因子分析法求取各个特征值在生态敏感性评价中的权重。最后，求算出各市/州的环境敏感性指数。

2. 区域资源协调性指数

区域资源协调性指标如表 4.5 所示：

表 4.5　资源协调性评价指标列表

目标层	准则层	因子层
区域资源 协调性评价	土地承载力	X_{21} 粮食总产量
		X_{22} 人均粮食占有量
	水资源承载力	X_{23} 水资源总量
		X_{24} 人均可用水量

土地资源的功能包括提供食物和提供生产、生活场所的空间等。主要功能之一是为人类提供食物，人口增长导致粮食需求增加，人口增长导致住房需求及交通等用地增加也会减少耕地面积，影响粮食总产量的提高。粮食需求增加和耕地面积减少的矛盾使粮食安全问题成为我国可持续发展关注的焦点问题之一。局部区域的粮食可以互相调配，但整个区域的粮食生产—消费平衡是区域可持续发展必须协调的问题：

$$[\text{土地承载力指数}] = X_{21}/X_{22}/\text{区域人口密度} \tag{4.4}$$

水资源同样是区域不可替代的资源，河流上游和下游及区域的水资源统筹利用迫在眉睫，已不能再把水资源利用看作区域内部的问题。水资源的功能表现为可利用水资源量和可利用水能两方面。区域水资源承载密度（人/平方千米）与人口密度比较，即可得到水资源承载力指数：

$$[\text{水量承载力指数}] = X_{23}/X_{23}/\text{区域人口密度} \qquad (4.5)$$

对于资源总承载力而言，二者从不同角度表征了资源丰度，对于整个区域的制约作用明显；对于区域分布不均的客观情况，协调机制对于最大限度地满足区域需要尤为重要：

$$\text{区域协调性指数} = \sqrt{[\text{土地承载力指数}]^2 + [\text{水资源承载力指数}]^2} \qquad (4.6)$$

3. 社会经济协调性指数

社会经济协调性评价指标如表 4.6 所示：

表 4.6　社会经济协调性评价指标列表

目标层	准则层	因子层
社会经济 协调性指数	社会经济条件	X_{31} 区域 GDP
		X_{32} 人均 GDP
		X_{33} 第二产业产值
		X_{34} 第三产业产值
		X_{35} 出口总额
		X_{36} 人均固定资产投资总额
		X_{37} 人均财政收入
		X_{38} 农村居民人均收入
		X_{39} 人均社会消费品零售总额
	基础设施水平	X_{310} 医务机构数
		X_{311} 医务技术人员数
		X_{312} 农业机械总动力
		X_{313} 农村用电量
		X_{316} 中学教师人数
		X_{317} 中学学校数
		X_{318} 环境污染治理投资总额
	交通优势度	X_{319} 公路通车里程
		X_{320} 公路旅客周转量
		X_{321} 公路货物周转量
		X_{322} 铁路通达里程
		X_{323} 人均道路面积

社会经济协调指数是指一个区域在整个区域中经济优先的地位。对应的表征是主体功能区类型中的重点开发区和优化开发区。一般而言，社会经济协调指数

较高意味着经济发达，人口聚集规模大，工业和第三产业在经济中的比重较高，而农业产值较低，粮食、能源和原材料不能维持区内平衡，需要从外地调入。对以上数据进行无量纲化处理后，用 SPSS16.0 软件进行三维立体聚类分析，利用特征进行分类，将截面数据和时间序列数据结合在一起，既能分析出个体随时间的变化趋势，又能反映出不同级别个体的发展水平区域，从而挖掘区域社会经济发展过程的相似性特征，同时对 2011 年经济数据进行静态评价。

4. 可持续发展潜力指数

可持续发展潜力评价主要从区域资本投入能力、可持续发展的科技投入能力、人力资源投入优势、环境状况、优良生态区域等方面来进行。对于人力资源指标的计算，可借鉴国际上计算人类发展指数（HDI）的方法进行。使用式（4.7）～式（4.9）计算：

$$\text{HDI} = ((X_{43} - \text{Min}(X_{43}))/((\text{Max}(X_{43}) - \text{Min}(X_{43}))) + X_{42} + X_{41}/(\text{Min}(X_{41})))/3 \tag{4.7}$$

$$[\text{GDP 指数}] = F([\text{GDP}], [\text{GDP 增长率}]) \tag{4.8}$$

$$[\text{GDP 增长率}] = ([2011 人均 GDP]/[2006 年人均 GDP])^{1/6} \tag{4.9}$$

由于三者分别从不同维度描述了区域可持续发展力的状况，对于这三项指标指数，采取空间距离法（vector-distance）求得，所得结果可以反映这三项因素对区域发展水平的共同作用。由下式计算：

$$F = \sqrt{\frac{\text{HDI}^2 + [\text{资本增值指数}]^2 + [\text{环境可持续指数}]^2}{3}} \tag{4.10}$$

可持续发展力指数如表 4.7 所示：

表 4.7　可持续发展力指数

目标层	准则层	因子层
可持续发展力指数	人口发展指数	X_{41} 中学生数量
		X_{42} R&D 人员折合全时人员
		X_{43} R&D 经费内部支出
		X_{44} 人口死亡率
	资本增值指数	X_{45} 人均 GDP 及增长率
		X_{46} 人均储蓄额
		X_{47} 人均固定投资额
	环境可持续指数	X_{48} 生活污水排放达标率
		X_{49} 空气质量优良率
		X_{410} 国家森林、公园、国家自然保护区、风景旅游度假区、自然文化遗产区的数量

4.4.3.4　主体功能区划分方法

1. 指数评价法及指数项归并

对于各项指数的综合，本书采用熵值法确定各项指标的权重。熵值法利用客观指标信息的熵值来判断各项指数权重大小，是一种客观的赋权法。

熵值法确定指标权重的步骤如下：

设 x_{ij} 表示样本 i 的第 j 个指标的数值，评价范围内有 n 个样本，每个样本有 p 个指标。

(1)计算标准化指标值的比重：

$$S_{ij} = \frac{x_{ij}}{\sum_{i=1}^{n} x_{ij}}$$

式中，$i=1, 2, \cdots, n$；$j=1, 2, \cdots, p$，且 $x_{ij} \neq 0$。　　　　　(4.11)

(2)计算指标的熵值：

$$h_j = -\frac{1}{\ln N} \times \sum_{i=1}^{n} S_{ij} \ln S_{ij}$$

式中，$i=1, 2, \cdots, n$；$j=1, 2, \cdots, p$；N 为样本数。　　　　　(4.12)

(3)计算指标 xj 的权重：

式中，$i=1, 2, \cdots, n$；$j=1, 2, \cdots, p$。　　　　　　　　　　(4.13)

(4)计算区域综合发展类型：

$$X_i = \sum_{j=1}^{p} W_j X_j$$

式中，$i=1, 2, \cdots, n$；$j=1, 2, \cdots, p$。　　　　　　　　　　(4.14)

将区域的得分用于聚类分析，得到初步分区图。

2. GIS 叠置分析法

将以上分区图进行一次叠置，叠置算法如表 4.8 所示：

表 4.8　经济社会综合发展力和环境敏感性评价矩阵

地域主体功能区		经济社会综合发展力			
		高	较高	中	低
环境敏感性	高	适度保护区	适度保护区	控制开发区	控制开发区
	较高	适度保护区	适度保护区	控制开发区	控制开发区
	中	适度开发区	适度开发区	适宜开发区	农业发展区
	低	重点开发区	重点开发区	适宜开发区	农业发展区

（1）主导因素法修正。在叠置分析中，存在着一些前两项指标含义模糊，取值较为接近的情况，运用主导因素就可以从上到下地将区域主体特征加以明确界定。同时，主导因素法有利于改变聚类过程后叠置造成的行政区划不完整的情况。主导因素的选取按照第二、第三项指标的评价结果，选择其突出的主体特征作为划分主体功能区类型的依据。

（2）状态空间法修正。对于区域发展的空间影响，根据中心地理论，区域内各中心是按照一定级别的体系来组织发展要素的。因此，受主体功能区直接影响的部分区域必然存在一定的备选区域，可以根据与相邻区域的发展状态比较而获得自身的区域定位。

4.4.4 四川省可持续发展实验区的主体功能区划

4.4.4.1 环境敏感性评价

1. 数据搜集

自然环境的适宜性和限制性是决定社会经济容量和分布格局的重要因素。选取 1961~2000 年四川省气象资料，海拔和区域面积资料来自《2012 四川省地理省情公报》，2007 年、2011 年的森林覆盖率和其他资料来自《四川省统计年鉴》四川省环境敏感性评价指标数据如表 4.9 所示。

2. 数据处理与评价

对表 4.9 的数据的属性进行判断，选择适宜的方法进行无量纲化处理，得到表征一致的环境敏感性指数集。该指数集在总体上保持较高的一致性，通过 KMO 检验，KMO 值为 0.572＞0.5 和 Bartlett's 球形检验，显著性水平为 0.0007，小于 0.05，可以运用因子分析（表 4.10）。

因子分析所形成的载荷因子，前 4 个特征因子所包含的信息量占全部信息量的 83.14%，达到了因子分析的要求（表 4.11）。

从特征因子碎石阵图上可以看出，前四个公因子对最终结果的贡献率较高，从第五个公因子开始，信息量所占份额很小，故取前四个公共因子进行分析。为了更加清晰地解释公因子所包含的信息特征，对公因子矩阵进行旋转得到旋转载荷因子如图 4.2 所示。

表 4.9 环境敏感性评价指标数据

市/州	平均海拔/米	最低海拔/米	区域面积/万公顷	2007年森林覆盖率/%	2011年森林覆盖率/%	年平均温度/℃	最低温度/℃	最热月平均温度/℃	月最小降水量/毫米	平均蒸发量/毫米	年蒸发量/毫米	年降水量/毫米	年均湿度/%	年日照时数/时	年平均风速/(米/秒)	最大风速/(米/秒)
成都市	835	385	1.21	37	37	16.6	−4	32	0.2	79.5	954	704	76	919	1.2	20
自贡市	369	239	0.44	24	24	18.3	0	36.5	4.6	81	972	766	76	906	1.3	17
攀枝花	1850	936	0.74	59	59	21	5	33.7	2.8	206.4	2477	834	55	2710	1.7	26
泸州市	702	203	1.22	38	49	18	1	36.5	3.2	81.3	975	940	81	1167	1.6	17
德阳市	789	308	0.59	38	38	17	−5	33	14.8	80.2	962	662	78	991	1.5	26
绵阳市	1232	310	2.02	46	49	17.1	−5	33	4.4	81.7	980	592	71	1142	1.1	21
广元市	915	353	16.31	47	53	16.7	−5	34	3.9	123.4	1480	679	66	1170	1.5	21
遂宁市	362	243	0.53	34	35	17.4	−2	36	1.2	82.1	986	550	75	1069	1.1	20
内江市	402	277	0.54	29	3	17.7	−1	35.5	6.3	66.8	802	738	83	1089	1.2	11
乐山市	1062	300	1.27	54	49	17.9	−1	34	5.2	87.2	1046	787	77	1021	1.1	20
南充市	410	239	1.25	36	38	17.9	−2	35	5.3	74.9	899	715	76	1158	1.1	18
眉山市	678	344	0.71	37	44	17.7	−1	36	9	79.2	950	815	79	949	1.5	18
宜宾市	570	230	1.33	39	41	18.7	1	35	3.6	66.7	800	749	75	943	1.2	23
广安市	412	188	0.63	33	35	17.8	−2	35	7.1	71.2	855	849	79	1377	1.2	18
达州市	681	227	1.66	33	4	17.6	−4	35	12.7	93.2	1118	990	76	1117	1.7	18
雅安市	2088	520	1.5	53	63	16.7	−2	33	12.5	79.2	950	1314	75	962	1.1	15
巴中市	801	267	1.23	54	55	17	−3	35	12.2	82.3	988	1014	75	1395	1.2	28

续表

市/州	平均海拔/米	最低海拔/米	区域面积/万公顷	2007年森林覆盖率/%	2011年森林覆盖率/%	年平均温度/℃	最低温度/℃	最热月平均温度/℃	月最小降水量/毫米	平均蒸发量/毫米	年蒸发量/毫米	年降水量/毫米	年均湿度/%	年日照时数/时	年平均风速/(米/秒)	最大风速/(米/秒)
资阳市	409	247	0.8	33	47	17.6	-4	38	4.4	94.8	1138	670	77	1277	1.5	28
阿坝州①	3635	853	8.3	24	24	9.2	-19.6	24.4	3.9	64.6	775	828	59	2144	1.5	28
甘孜州②	4192	960	1.46	25	33	7.7	-5	29.6	2	118.4	1421	828	70	1678	3.4	15
凉山州③	2640	325	6.03	31	43	17.6	-22	24.5	1.7	196	2352	986	58	2159	1.3	18.3

注：①阿坝州全称为阿坝藏族羌族自治州，全书统一使用阿坝州；
②甘孜州全称为甘孜藏族自治州，全书统一使用甘孜州；
③凉山州全称为凉山彝族自治州，全书统一使用凉山州。

表 4.10　KMO 检验与 Bartlett's 球形检验表

KMO 检测值		0.572
Bartlett's 球形检验	卡方	293.848
	df	91
	Sig.	0.000

表 4.11　总方差解释表

因子	初始特征值			平方和			转轴平方负荷量		
	总计	方差贡献率/%	累计方差贡献率/%	总计	方差贡献率/%	累计方差贡献率/%	总计	方差贡献率/%	累计方差贡献率/%
1	5.208	37.203	37.203	5.208	37.203	37.203	3.727	26.619	26.619
2	2.944	21.026	58.229	2.944	21.026	58.229	3.487	24.907	51.526
3	1.684	12.031	70.260	1.684	12.031	70.260	2.340	16.712	68.237
4	1.378	9.844	80.104	1.378	9.844	80.104	1.661	11.867	80.104
5	0.943	6.735	86.839						
6	0.835	5.966	92.805						
7	0.410	2.926	95.731						
8	0.284	2.028	97.758						
9	0.119	0.851	98.610						
10	0.110	0.786	99.396						
11	0.035	0.250	99.646						
12	0.026	0.185	99.830						
13	0.022	0.161	99.991						
14	0.001	0.009	100.000						

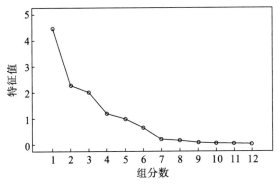

图 4.2　因子碎石图

　　四川省各市/州的环境敏感性的因子得分系数矩阵如表 4.12 所示。

表 4.12　因子得分系数矩阵

指标	因子			
	1	2	3	4
蒸发强度	0.927	0.134	0.029	0.136
水热协调指数	−0.920	−0.151	−0.042	−0.089
光热资源指数	0.829	0.223	0.400	−0.055
湿度指数	0.758	−0.047	0.413	−0.065
大气流动指数	−0.047	0.960	−0.021	0.054
地形起伏度	−0.291	−0.864	0.088	−0.207
温度适宜度	0.203	0.763	0.425	−0.231
低温指数	−0.134	0.098	−0.931	−0.061
高温指数	0.356	0.147	0.857	0.032
降水丰度	0.084	0.065	0.149	0.910
地被指数	0.460	−0.218	−0.485	0.529
大风指数	−0.387	0.328	−0.126	0.409

　　由表 4.12 可以看出，四川省各市/州的环境敏感性的影响因素主要有四种：

　　(1)蒸发干旱因素。在四川省区域内，降水量除高山较大外，其他地区年降水量一般为 700~1000 毫米，差别不大，而各市/州的蒸发量差异悬殊，攀枝花市和凉山州的年均蒸发量分别达到 2477 毫米和 2352 毫米，远远大于降水量，水分条件成为这些地区生态环境的控制性因素。而川东嘉陵江下游的南充、广安等市蒸发较弱，降水量和蒸发量基本平衡，生态承载力较高。另外，干旱指数是该公因子的第二大影响因素，大部分市/州的降水分布和蒸发量分布不一致，往往导致季节性干旱。攀枝花市的春夏之际月蒸发量达到 300 毫米左右，而降水量很少，从而导致旱灾频发，生态极易遭到破坏。川西成都平原各市在 12 月、1 月、2 月降水量接近于零，长时间的干旱使灌溉用水成为成都平原农作物生产的限制条件。

　　(2)地势地形综合因素。地形是对生物生长限制性较强的因素，同时，地势的高低也决定了温度和大气的流动状况。地形也是限制人类生产和生活的重要因素，很大程度上决定了农业生产的条件及住房、道路、交通等建设活动的开展。地形对区域水热分布和小气候的形成有着重要的作用。谷地、盆地地形有利于存蓄水分，缓和气温变化，对维持生态系统的运行是有利的。

　　(3)极端温度因素。极端低温的分界线往往是生态类型的分界线，偶尔的极端低温也会导致部分物种的冻害，极端高温会导致水分蒸发加快，生态系统退化。

　　(4)降水总量指标。年降水总量在自然区划中往往具有典型意义。虽然各地存在降水季节分配不均的情况，但降水量在 800 毫米以上的地区，森林生态的修复功能较强。而攀西地区降水量稍低于 800 毫米，季节分配不均，生态恢复较为困难，生态明显脆弱。分析四川省区域气候特征和森林分布现状可以发现，森林覆盖率高的市/州多为气候条件较好的多山区域。长江上游天然林保护区近年来森林有所恢复，但部分地区恢复较慢，间接地说明了这些区域生态的脆弱。四川省东部部分区域的森林覆盖率低且增长缓慢，说明该区域土地开发利用率较高。大风天气等因素对区域环境影响甚微。

各公共因子得分经过属性转化后的结果如表 4.13 所示。

表 4.13　环境敏感性评价结果

市/州	水热离差因子	地势地形因子	极端温度因子	降水丰度因子	环境敏感性指数
遂宁市	−0.42	−0.11	−0.57	−1.25	−0.41
宜宾市	−0.55	−0.19	−0.49	−0.58	−0.37
自贡市	−0.84	0.04	−0.25	−0.58	−0.36
南充市	−0.60	−0.12	−0.24	−0.40	−0.30
内江市	−0.84	0.03	0.04	−0.18	−0.26
眉山市	−0.37	−0.29	−0.47	0.17	−0.24
德阳市	−0.20	−0.35	−0.03	−0.85	−0.24
成都市	−0.53	−0.26	0.10	−0.34	−0.24
绵阳市	−0.17	−0.22	−0.33	−0.54	−0.23
资阳市	0.34	−0.81	0.01	−0.84	−0.17
广安市	−0.51	−0.10	0.04	0.02	−0.16
乐山市	−0.15	0.02	−0.57	0.18	−0.13
泸州市	−0.13	−0.20	−0.61	0.74	−0.12
巴中市	0.09	−0.63	−0.39	0.75	−0.10
达州市	−0.49	−0.21	0.03	0.87	−0.08
广元市	0.72	−0.69	−0.54	−0.18	−0.06
雅安市	−0.58	0.16	−0.23	3.27	0.20
阿坝州	−0.04	−0.05	3.31	−1.04	0.51
攀枝花市	3.50	0.54	−1.36	−0.51	0.84
甘孜州	−0.08	4.14	0.35	−0.02	0.92
凉山州	1.86	−0.72	2.20	1.32	1.00

利用 SPSS16.0 软件对评价指标进行聚类，得到如下聚类结果(图 4.3)：

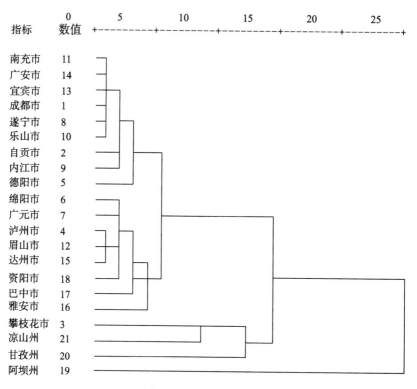

图 4.3　聚类过程示意图

由地形地貌、植被、气候、水文等自然因子的数量及分配构成的自然环境条件表征了区域发展的自然本底与环境基础，不仅直接关系到区域发展现状和发展水平，而且决定着区域的发展目标和阈限。基于地形起伏度、地被指数、气候约束性和水文指数的自然敏感性评价表明，四川省自然环境敏感指数由四川盆地西部高原山地向东、南逐渐降低，人居环境限制性逐渐减弱，自然环境约束性逐渐降低。

四川省可持续发展实验区环境敏感性地区可以分为四个类型。①环境优越区：绵阳、遂宁、南充、成都、自贡、宜宾、德阳、内江、德阳的生态适宜性最好，重要表现为地形平坦、水热条件较好，特别是南充、宜宾水热配合条件较好，能适应高强度开发的需要。②环境适宜区：资阳、广安、乐山、泸州、达州、巴中和广元的降水和温度适宜，河流较多，水资源丰富。③生态敏感区：阿坝和雅安，水热不足，但气象灾害少，区内自然系统敏感性较强。④生态脆弱区：攀枝花、凉山、甘孜的热量和光照条件优越，但水热配合不好，干旱性灾害较多，生态脆弱。

通过 GIS 技术形成的环境敏感性评价如图 4.4 所示。

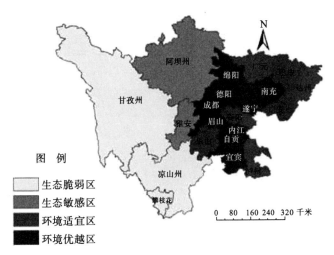

图 4.4 环境敏感性分区图

4.4.4.2 区域资源协调性指数

1. 四川省各区域内土地承载能力

土地承载能力是对区域土地人口容量的体现，粮食消费是人类必需的消费方式，粮食安全是区域协调发展的基础指标。土地承载能力可以用区域内土地生产能力范围内能持续供养的人口规模来表示。四川省内各区域内土地承载能力指标体系和评价结果如表 4.14 所示。

表 4.14 土地资源协调性指数评价结果

市/州	2011 年粮食产量/万吨	2011 年末常住人口/万人	区域面积/公顷	人口密度/(人/平方千米)	土地承载力指数
德阳市	190.4	359.2	5909.8	607.8	1
资阳市	234.8	363	7959.7	456.1	0.92
遂宁市	156.7	326	5323.2	612.4	0.91
广安市	185.8	321	6340.5	506.3	0.91
内江市	155.7	370.9	5384.7	688.8	0.9
自贡市	125.6	268.4	4380.6	612.7	0.89
南充市	312	628.5	12477.2	503.7	0.78
眉山市	166.4	295.8	7139.5	414.4	0.72
成都市	259.9	1407.1	12119.2	1161	0.67
达州市	290.3	548.6	16582	330.8	0.54
宜宾市	217.1	446	13266.2	336.2	0.51

<table>
<tr><td></td><td></td><td></td><td></td><td></td><td>续表</td></tr>
</table>

市/州	2011 年粮食产量 /万吨	2011 年末 常住人口 /万人	区域面积 /公顷	人口密度 /(人/平方千米)	土地承载 力指数
泸州市	193.5	422.5	12236.2	345.3	0.49
巴中市	162.6	329.6	12293.3	268.1	0.41
绵阳市	217.9	462	20248.4	228.2	0.33
广元市	136.7	249	16311.1	152.7	0.26
乐山市	107.6	324.3	12723	254.9	0.26
雅安市	54.9	151.7	15046.2	100.8	0.11
攀枝花市	22.1	122	7401.4	164.8	0.09
凉山州	184.1	454.1	60294.4	75.3	0.09
甘孜州	18.2	110	14599.3	75.3	0.04
阿坝州	16.9	90.2	83016.3	10.9	0.01

通过 GIS 技术形成的土地承载力评价如图 4.5 所示。

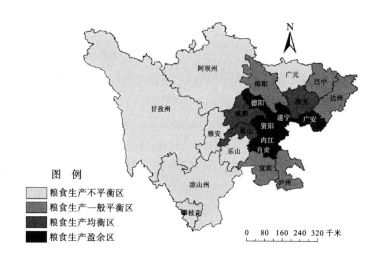

图 4.5　土地承载力类型区图

基于人均粮食保障度的四川省土地资源承载力研究表明，四川省各区域普遍土地承载力负载较重，人粮关系较为紧张，土地生产可挖掘潜力有限。整体趋势大体上由东向西逐渐降低，地域差异明显。根据土地资源承载力指数及其人粮平衡关系，可以将不同地区划分为粮食生产盈余区、粮食生产均衡地区、粮食生产不平衡地区和粮食生产不平衡地区四种不同类型区。

（1）粮食生产盈余区，包括德阳、资阳、遂宁、广安、内江、自贡，土地承载力指数为 0.89~1.0，耕地面积和粮食产量均较高，粮食生产有盈余，能够满足区内粮食消费和一定量的粮食外调需求,对区域粮食安全有重要影响。

(2)粮食生产均衡地区,包括南充、眉山、成都,土地承载力指数为 0.67～0.78,人粮关系较为均衡,发展潜力比较有限。

(3)粮食生产一般平衡地区,包括达州、宜宾、泸州、巴中、绵阳,土地承载力指数为 0.33～0.54,人粮关系基本平衡,达到了土地的最大承载负荷。

(4)粮食生产不平衡地区,包括广元、阿坝、甘孜、凉山、雅安、乐山和攀枝花,土地承载力指数为 0.01～0.26,粮食生产不足,需要从区外调入粮食。

2. 四川省各区域内水资源承载能力

水资源总量承载力指数主要反映区域人口与水资源总量的关系,可以用人均综合用水量下区域(流域)水资源所能持续供养的人口规模(万人)或承载密度(人/平方千米)来表示。四川省各市/州内水资源承载能力指标体系和数据如表 4.15 所示。

表 4.15　水资源协调性评价结果

市/州	水资源总量/亿方	区域面积/公顷	2011 年年末常住人口/万人	人均 GDP/万元	单位 GDP 水耗/(吨/万元)	水资源总量承载指数
甘孜州	706.8	14599	110	0.53	256	1
巴中市	102.5	12293	330	0.36	187	0.35
达州市	133.4	16582	549	0.53	179	0.24
广安市	38.3	6341	321	0.53	193	0.16
宜宾市	107.3	13266	446	0.71	248	0.13
泸州市	61.3	12236	423	0.6	239	0.1
南充市	52.4	12477	629	0.46	254	0.1
雅安市	218.5	15046	152	0.81	524	0.1
自贡市	26.4	4381	268	0.87	220	0.09
广元市	71.8	16311	249	0.48	298	0.09
内江市	22.5	5385	371	0.61	221	0.09
乐山市	164	12723	324	0.88	456	0.09
阿坝州	390.1	83016	90	0.89	190	0.08
眉山市	74.5	7140	296	0.71	667	0.06
资阳市	28.9	7960	363	0.52	338	0.06
凉山州	425.9	60294	454	0.7	463	0.06
成都市	91.9	12119	1407	2.12	209	0.05
绵阳市	115	20248	462	0.91	350	0.05
遂宁市	11.3	5323	326	0.57	248	0.04
攀枝花市	48.5	7401	122	2.3	250	0.03
德阳市	31.2	5910	359	1.25	440	0.03

通过 GIS 技术形成的水资源承载力评价如图 4.6 所示。

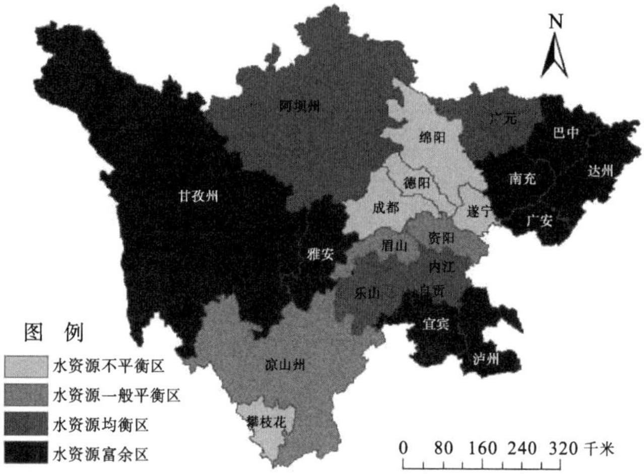

图 4.6　水资源承载力分区

基于水资源承载力的研究表明，四川省水资源承载力整体状况比较好，还有一定的潜力空间，并由川西、川南、川东北地区向成都平原逐渐降低，地域差异明显。四川省水资源承载力可以分为四种不同类型区。

(1)水资源富余地区。包括甘孜、巴中、达州、广安、宜宾、泸州、南充、雅安，水资源承载指数为 0.1～1，分为两种类型：一类是水资源较为丰富、河流众多、水量丰沛但人口较为稀少的高原山区，如甘孜、雅安；另一类是河流下游的南充、达州等地，水资源富余。

(2)水资源均衡地区。水资源承载指数为 0.09～0.16。水资源均衡地区主要包括阿坝、自贡、广元、内江、乐山五个市/州，这一地区大多位于河流下游的农业区，如南充、乐山、泸州或是人口密度较小的高寒山区，如阿坝、广元等。

(3)水资源一般平衡地区。水资源承载指数等于 0.06。水资源平衡有余地区的人口与水资源相对紧张，它主要涉及凉山、眉山、资阳，水资源总量不足。

(4)水资源不平衡地区。水资源承载指数为 0.05～0.03。水资源不足的地区主要涉及绵阳、德阳、遂宁、成都和攀枝花，人口密集，工业发达，耗水量较大，降水量较小，耕地面积大，农业灌溉需水量大。针对绵阳、成都、德阳、遂宁等地水资源短缺、超载的现状，提高公众节约用水、循环用水的意识，开展跨流域调水及水资源污染防治和保护已成为当务之急。

4.4.4.3　区域社会经济协调性评价

本节选取 2006～2012 年统计数据有关社会经济发展水平的子项目中的 19 个指

标，由于经济发展是一个动态的过程，因此采取立体三维立体数据的动态趋势聚类分析方法，在此基础上发掘区域经济增长的相似性，从而进行聚类(图 4.7)。

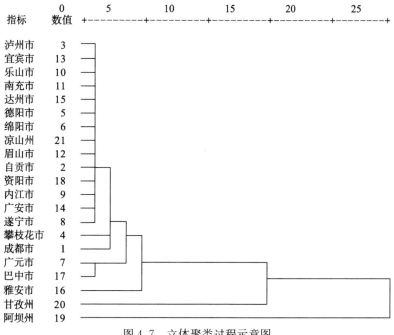

图 4.7　立体聚类过程示意图

选取聚类数为 4 时，系统聚类的聚合系数趋于平稳，类间聚合度较好，见图 4.8。

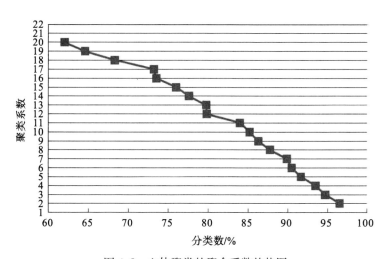

图 4.8　立体聚类的聚合系数趋势图

区域经济社会协调性数据测算结果如表 4.16 所示。

表 4.16　区域经济社会协调性评价结果

市/州	经济发展水平	交通区位优势	基础设施指数	总分值
成都市	1.00	1.00	1.00	1.00
德阳市	0.42	0.78	0.35	0.52
南充市	0.31	0.44	0.57	0.44
内江市	0.29	0.62	0.29	0.40
宜宾市	0.37	0.38	0.40	0.38
达州市	0.30	0.41	0.42	0.38
自贡市	0.44	0.48	0.21	0.37
泸州市	0.43	0.33	0.35	0.37
绵阳市	0.44	0.22	0.44	0.37
资阳市	0.28	0.43	0.37	0.36
乐山市	0.40	0.34	0.32	0.35
遂宁市	0.30	0.48	0.26	0.35
攀枝花市	0.57	0.35	0.11	0.35
广元市	0.32	0.39	0.31	0.34
眉山市	0.32	0.39	0.29	0.33
广安市	0.32	0.37	0.30	0.33
凉山州	0.32	0.08	0.37	0.26
巴中市	0.23	0.27	0.26	0.25
甘孜州	0.29	0.25	0.12	0.22
雅安市	0.35	0.11	0.17	0.21
阿坝州	0.41	0.03	0.11	0.18

根据社会经济承载能力指数高低，基于分类单元可将四川省不同市/州的社会经济承载能力划分为增长极区域、次级增长极区域、平稳增长区和自然经济区四种不同的类型区，以揭示不同地区的社会经济承载水平和地域差异。

(1)增长极区域。社会经济承载力指数为 1~0.52，物质积累基础处于四川省最高水平。目前四川省只有成都、德阳二市属于这类地区，土地面积 18029 公顷，占四川省土地面积的比重为 5.13%；相应人口为 1766.27 万，占四川省人口的比重为 21.9%，人口聚集度高、社会经济发达、资源环境压力较大。其协调性表现为从区外获得原料和能源及粮食和农副产品。

(2)次级增长区。社会经济承载力指数为 0.44~0.38，社会经济发展处于全省较高水平。目前只有 7 个市(绵阳、南充、自贡、内江、达州、宜宾和泸州)属于这类地区，土地面积为 85755.3 万公顷，占四川省土地面积的比重为 24%；相应人口为 3146.9 万，占四川省人口的比重为 39%。协调性特征表现为副省级中心城市，发展势头较好，能够实现人口的聚集。

（3）平稳增长区。社会经济承载力指数为 0.33~0.36，社会经济发展较为缓慢。目前有 7 个市（乐山、攀枝花、资阳、广安、遂宁、广元和眉山）属于这类地区，土地面积为 63198.4 万公顷，占四川省土地面积的比重为 18.0%；相应人口为 2001.17 万，占四川省人口的比重为 24.9%，分布较为分散。这类地区人口与社会经济增长平稳，物质积累水平低，主要向区外输出原料和农副产品，融入区域经济圈将是这类地区发展转型的机遇。

（4）自然经济区。社会经济承载力低于 0.33，物质积累基础处于四川省最低水平。目前有 5 个市/州（甘孜、雅安、阿坝、凉山、巴中）属于这类地区。土地面积为 185249.5 万公顷，占四川省土地面积的比重为 52.8%；相应人口为 1135.66 万，占四川省人口的比重为 14%；除位于秦巴山的巴中外，主要集中在川西北高原地区，地广人稀、交通不便、生态脆弱，土地生产力较低，主要为人口流出区。

通过 GIS 技术形成的区域社会经济协调性评价如图 4.9 所示。

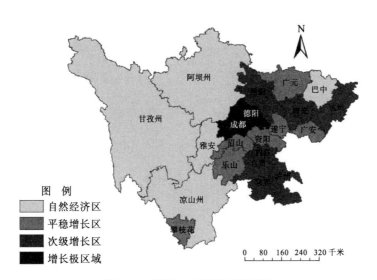

图 4.9　区域社会经济协调性评价

由社会经济基础承载力可以得出，四川省区域经济发展的圈层构造以成都平原为中心，在东北、东部和东南地区形成次级中心；西部地区经济发展水平较低。可以根据中心地理论所确定的市场规则来制定适合区域经济发展的城市体系，这一规则也可作为主体功能区协调性原则的参照。

4.4.4.4　区域可持续发展力评价

本节中人类发展水平的主要含义是以区域人口的科技教育为代表的智力素质

和以健康状况为代表的身体素质。科研从业人员的比重及科研经费的支出既反映了区域智力开发的总量指标，也反映了区域在大的范围内的竞争、服务能力。基本文化素质人员数量和人口健康水平根据世界银行的可持续发展力评测，"人力资本是世界总财富中的最大者""人力资源代表了对于生产力发展的创造潜力""人力资源的投资是一个国家和地区财富增值的重要途径"。人类发展指数（HDI）具体指标体系和数据如表 4.17 所示。

表 4.17　HDI 评价结果

市/州	中学生数量/人	R&D 人员折合全时人员/人年	R&D 经费内部支出/千元	人口死亡率/‰	HDI 指数
成都市	958492	36651.8	1395387	5.03	0.84
绵阳市	458056	17068.5	690340	6.25	0.53
攀枝花市	109674	2446	53482.1	4.44	0.51
德阳市	256810	6335.7	246367.5	7.16134636	0.39
宜宾市	452813	4297.3	80306.8	6.57	0.36
南充市	703223	493.5	9318.9	5.95	0.34
达州市	605051	777.6	8536	6.08	0.33
泸州市	438825	1706.5	38801	6.48	0.32
自贡市	215944	3319.3	43241.2	6.79	0.29
眉山市	268219	131.2	4270.8	6.89	0.29
资阳市	314498	279.1	7828.7	6.5	0.27
广安市	432063	741	19095.2	5.96	0.27
乐山市	243275	1050.1	13942	6.58	0.26
广元市	299648	561.9	7421	6.11	0.24
巴中市	420609	54.6	1113.2	5.45	0.22
内江市	291724	2258.1	56548.4	5.32	0.20
遂宁市	299982	412.2	4301.8	5.51	0.20
凉山州	399341	120	4110	4.4	0.14
雅安市	115711	130.6	19944.9	5.22	0.12
甘孜州	77331	181.2	848.6	4.31	0.04
阿坝州	81248	77.8	695.4	3.74	0.01

区域资本增长有关指标及其计算结果如表 4.18 所示：

表 4.18　资本增值指数评价

市/州	城乡居民储蓄余额/亿元	2011 年人均固定投资/元	2011 年人均生产总值/元	2006~2011 年人均 GDP 增长率/%	2011 年年末常住人口/万人	资本增值指数
成都市	5945	35504	49438	17	1407	0.88
攀枝花市	312.14	31432	53054	16	122	0.76
乐山市	633.9	16629	28339	21	324	0.57
德阳市	783.5	18098	31562	16	359	0.56
阿坝州	113.94	42144	18710	14	90	0.56
资阳市	566.6	12748	22931	27	363	0.55
雅安市	272.62	22475	23153	19	152	0.54
绵阳市	932.6	19067	25755	18	462	0.54
眉山市	654.72	15223	22791	20	296	0.54
自贡市	443.9	13146	29102	20	268	0.53
广安市	560.8	13242	20572	22	321	0.51
内江市	524.72	10321	23062	25	371	0.51
广元市	387.98	20010	16225	22	249	0.51
遂宁市	423.37	16453	18528	22	326	0.49
宜宾市	560.26	13615	24433	21	446	0.49
达州市	800.3	12338	18474	21	549	0.47
凉山州	311.35	16112	22044	21	454	0.46
泸州市	282.21	12411	21339	22	423	0.44
南充市	753.62	11353	16388	21	629	0.43
甘孜州	95.71	23403	13889	17	110	0.43
巴中市	312.5	9715	10438	17	330	0.34

运用较为常用的环境指标(表 4.19 和表 4.20)表示地区环境的负荷能力。保护区增加了开发区的生态载荷,对维护城市生态和区域生态系统平衡有重要意义。

表 4.19　环境可持续指数评价

市/州	污水处理率	空气优良率	国家级保护区数	水可持续指数	大气可持续指数	优质环境资源指数	环境可持续指数
绵阳市	0.91	1.00	6	0.74	1.00	0.55	0.76
广安市	1.00	0.99	3	1.00	0.93	0.27	0.73
广元市	0.85	1.00	4	0.54	1.00	0.36	0.64
阿坝州	0.70	1.00	9	0.09	1.00	0.82	0.63
成都市	0.97	0.88	11	0.90	0.00	1.00	0.63

续表

市/州	污水处理率	空气优良率	国家级保护区数	水可持续指数	大气可持续指数	优质环境资源指数	环境可持续指数
甘孜州	0.70	1.00	8	0.09	1.00	0.73	0.60
乐山市	0.67	1.00	8	0.00	1.00	0.73	0.58
雅安市	0.75	1.00	5	0.24	1.00	0.45	0.56
德阳市	0.85	0.98	2	0.54	0.79	0.18	0.51
遂宁市	0.84	0.99	1	0.51	0.88	0.09	0.50
内江市	0.83	1.00	0	0.48	1.00	0.00	0.49
巴中市	0.80	1.00	1	0.39	0.98	0.09	0.49
宜宾市	0.80	0.99	1	0.39	0.91	0.09	0.46
达州市	0.70	1.00	3	0.09	1.00	0.27	0.45
凉山州	0.70	1.00	3	0.09	1.00	0.27	0.45
自贡市	0.86	0.95	2	0.57	0.58	0.18	0.45
泸州市	0.80	0.94	5	0.39	0.47	0.45	0.44
资阳市	0.80	0.99	0	0.39	0.92	0.00	0.44
眉山市	0.77	0.93	4	0.30	0.37	0.36	0.35
南充市	0.68	1.00	0	0.02	1.00	0.00	0.34
攀枝花市	0.80	0.91	4	0.39	0.25	0.36	0.34

表 4.20　区域可持续发展力评价表

市/州	HDI 指数	资本增值指数	环境资源指数	区域可持续发展力指数
成都市	0.84	0.88	0.63	0.79
绵阳市	0.53	0.54	0.76	0.62
攀枝花市	0.38	0.76	0.34	0.55
广安市	0.27	0.51	0.73	0.54
乐山市	0.26	0.57	0.58	0.49
广元市	0.24	0.51	0.64	0.49
德阳市	0.39	0.56	0.51	0.49
阿坝州	0.00	0.56	0.63	0.49
雅安市	0.12	0.54	0.56	0.46
宜宾市	0.36	0.49	0.46	0.44
资阳市	0.27	0.55	0.44	0.43
自贡市	0.29	0.53	0.45	0.43
甘孜州	0.04	0.43	0.60	0.43
内江市	0.20	0.51	0.49	0.43

续表

市/州	HDI 指数	资本增值指数	环境资源指数	区域可持续发展力指数
达州市	0.33	0.47	0.45	0.42
遂宁市	0.20	0.49	0.50	0.42
泸州市	0.32	0.44	0.44	0.41
眉山市	0.29	0.54	0.35	0.40
凉山州	0.14	0.46	0.45	0.38
南充市	0.34	0.43	0.34	0.37
巴中市	0.22	0.34	0.49	0.37

由表 4.19 和表 4.20 可知，成都市在环境承载负荷方面已经接近饱和，大气环境有恶化的倾向，成都市在建设自然保护区和国家森林公园、风景名胜区方面投入较大，数量上超过了风景名胜区较多的阿坝州，在改善居民生活环境质量方面取得了较好的效益。

通过 GIS 技术形成的区域可持续发展力评价如图 4.10 所示。

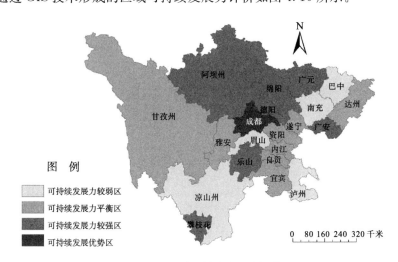

图 4.10　区域可持续发展力评价图

根据区域可持续发展力指数，可以将四川省分为四类区域：

(1)可持续发展优势区：成都市。成都市可持续发展力最强的原因可归结为经济基础和科技发展水平的优势地位，同时，成都市在保护区建设和环保方面投入较多，增强了环境的可持续性。

(2)可持续发展较强区：绵阳市、攀枝花市、德阳市、广安市、乐山市、广元市和阿坝州。前四个市属于工业化程度较高的地区，经济水平较高。后三个市/州多具有优越的旅游和生态资源，绿色经济的可持续性好。

(3)可持续发展平衡区：雅安市、宜宾市、资阳市、自贡市、甘孜州、内江市、达州市和遂宁市。该区受地理区位、交通条件等因素的影响，发展较为平衡，发展势头不具备区域竞争力。

(4)可持续发展较弱区：泸州市、眉山市、凉山州、南充市和巴中市。该区资源环境压力较大，凉山州和巴中市受自然条件限制，经济发展处于自然状态，其他三市由于人口密集，人均占有资源量不足，发展积累不足。

可持续发展力的分析表明，可持续发展力与经济发展水平高低关系紧密，经济发展水平较高的成都市，尽管人口密集、资源环境压力较大，但科研投入和环境保护投入很大程度上提高了可持续发展能力。而经济落后地区和依靠资源消耗为主的地区，可持续发展投入不足，经济的科技含量低下，不能有效提高资源利用效率，发展不可持续。而部分地区尽管环境脆弱，但人口稀少，经济发展模式合理，例如，阿坝州主要以旅游业为主，可持续发展势头较强。攀枝花市作为重要有色金属冶炼基地，工业区域资本增值能力很强，但区域发展很不协调，大部分农业地区人类发展水平相对滞后，造成整体可持续发展不具有优势。

4.4.4.5 主体功能分区

1. 分区指标的权重确定

在选取的可持续发展影响因素中，主要采取静态分析的方法，较为全面地囊括了区域本地特征对区域发展的影响；在区域可持续发展力的研究中，主要借鉴国际上较为成熟的标志性特征，主要评价区域的可持续水平和趋势。从指标选取上，二者不存在关联性。通过 MATLAB 软件计算得到与环境敏感性、资源协调性和社会经济协调性指数及区域可持续发展力指数的熵权如表 4.21 所示。

表 4.21　分区指标的熵权值

分区指标	环境敏感性指数	资源协调性指数	社会经济协调性指数	区域可持续发展力指数
熵权值	0.204747	0.292297	0.318466	0.18449

2. 区域发展类型的划分

由各分区指标的数值及其权重，计算结果如表 4.22 所示：

表 4.22　区域发展类型得分

市/州	区域可持续发展力指数	生态敏感性指数	资源协调指数	社会经济协调性	区域发展指数
成都市	0.79	−0.13	0.71	1.00	0.81
自贡市	0.43	−0.10	0.98	0.37	0.43
攀枝花市	0.56	0.87	0.42	0.29	0.41

续表

市/州	区域可持续发展力指数	生态敏感性指数	资源协调指数	社会经济协调性	区域发展指数
泸州市	0.41	−0.31	0.59	0.37	0.33
德阳市	0.49	0.02	1.03	0.52	0.55
绵阳市	0.62	−0.12	0.58	0.47	0.42
广元市	0.49	−0.04	0.35	0.34	0.29
遂宁市	0.42	−0.17	0.96	0.35	0.40
内江市	0.43	−0.22	0.99	0.40	0.43
乐山市	0.49	−0.10	0.35	0.35	0.30
南充市	0.37	−0.24	0.88	0.44	0.44
眉山市	0.40	−0.19	0.79	0.33	0.35
宜宾市	0.44	−0.21	0.64	0.38	0.36
广安市	0.54	−0.19	1.07	0.33	0.41
达州市	0.42	−0.31	0.78	0.38	0.37
雅安市	0.46	−0.57	0.21	0.37	0.24
巴中市	0.37	−0.23	0.76	0.25	0.29
资阳市	0.43	−0.02	0.97	0.36	0.42
阿坝州	0.49	0.93	0.08	0.18	0.24
甘孜州	0.43	0.93	0.09	0.22	0.26
凉山州	0.38	0.38	0.16	0.26	0.25

利用 ArcGIS 复合叠加得到四种发展类型的区域如图 4.11 所示。

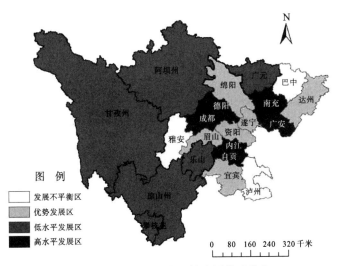

图 4.11　四川省区域发展类型分布

(1)高水平发展区域，包括成都市、德阳市、内江市、自贡市、南充市和广安市，处于区域经济中心和次级中心地位，发展条件好，区位优势明显，社会经济水平高。

(2)优势发展区域，包括绵阳市、遂宁市、眉山市、宜宾市、资阳市和达州市，经济发展水平较高，城市规模较大，有较大的人口集聚度。同时，区内环境较好，资源承载力较高，交通便利，区位优势明显。

(3)发展不平衡区域，包括泸州市、雅安市和巴中市，经济水平相对较低，区域社会经济协调性较差，城市发展水平较低，经济结构单一，对外经济作用主要表现为农产品的输出。

(4)低水平发展区域，包括乐山市、广元市和西部的凉山州、阿坝州、甘孜州、攀枝花市。这些区域的主要特征表现为区域内地势较高或地形崎岖，生态环境脆弱，土地承载力较低，部分地区经济水平较低且发展极为不平衡，特别是攀枝花市，工业化地区片面发展，区域发展极不平衡，整体水平不高。

3. 基于 ArcGIS 复合叠置和区位理论修正功能区的划分

四种发展类型中的内在主导因素并不一致，例如，德阳和攀枝花的发展特征就有很大的差异，德阳经济社会发展比较均衡，区域位置优越；攀枝花主要依靠优势资源，经济结构较为单一，城市化水平很高，但城市与农村的差距较大；另外，环境敏感性较高也是限制攀枝花发展的一个重要因素。基于主体功能区划的原则，突出区域环境、资源和社会经济的协调发展，对于发展类型分类中未能体现的突出主体特征，即对整个四川省可持续发展有显著影响的区域因素需要加以判别。

通过对环境、资源和社会经济各项指数的比较，以及对可持续发展能力指标组成的研究，德阳市与成都市距离较近，区内重工业发达。根据区位理论，在中心城市服务功能上，德阳市受成都市影响较大，目前优化开发区的发展模式是不合理的，故将德阳市纳入重点开发区。乐山市经济条件较好，特别是四川省"十二五"规划重要项目成绵乐高速铁路和成贵客专的开通，使区位条件和交通优势大大改善，在旅游和区域服务方面发展加快，区内旅游资源丰富但其发展方向是在保护环境的基础上，即限制开发区。雅安市距离成都市距离较近，虽然社会经济发展水平较低，但环境敏感性较低(降水丰富且分布均匀)、资源承载力较高，应当划入优化发展区。

广元市、巴中市综合水平低的主要因素在于社会经济水平低，人口密度较大导致生态环境恶化，转移地区农村人口，逐步提高城市化率。因此，将广元、巴中列入限制发展区。

由于国家战略对成渝经济区的推动和天府新区的建设，由此建设成渝城市圈区域城市资阳—内江—自贡。自贡是沿线人口最多、区域社会经济指数最高的地区，故自贡市具备区域次级中心的发展条件，列入重点开发地区。

4.4.5　四川省可持续发展主体功能区划结果

综合以上方法，四川省区域发展类型与主体功能区的内涵得到了较好的复合，四川省可持续发展主体功能区划如图 4.12 所示。

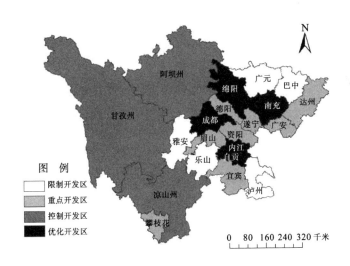

图 4.12　四川省主体功能区分布图

1.　省级优化开发区

成都市和自贡市、内江市、南充市、绵阳市人口规模较大，城市之间距离适中，国土单位面积承载负荷较重。在工业化过程中，以高耗能、高污染为特征的重工业和化工产业为区域发展做出了贡献，但这种不可持续的模式已经造成了严重的后果，特别是环境问题和水资源短缺的问题已经制约到了社会经济的发展。开展、开发集约化，推动产业升级，发展高新技术产业既是该地区自身发展的需要，也是这一地区作为区域增长极所必须承担的使命。

2.　省级重点开发区

德阳市、广安市、资阳市、达州市、遂宁市、眉山市、宜宾市、泸州市和攀枝花市为省级重点开发区。其中，德阳市、攀枝花市工业基础较好，是优化开发区的重要发展支撑区，同时也是国家主体功能区划的重点发展区。例如，攀枝花市是我国西部重要的稀有金属冶炼基地。南充市作为四川省东部的人口大市，人口密集，农业人口众多。就近实现城市化，是实现制度化、规范化、程序化建设的突破口。同时，南充环境敏感性较低、气候适宜、水资源丰富，对于满足大规模人口聚集有较好的自然禀赋。

3. 省级限制发展区

　　巴中市、乐山市、广元市为限制发展区。在资源环境分析中可知，乐山市的环境敏感性不高，适合一定强度的开发，从区位和交通方面考虑，乐山市也有很大的发展优势。但是，从人口聚集规模和区域功能的形成机制而言，巴中市、乐山市、广元市与区域中心城市距离较近，在区域经济中承担较低级别的功能，发展空间受到超大城市的挤压。另外，这些地区承担着特大城市的农产品供给和生态环境涵养的功能。另外，广元市和巴中市处于江河上游，地势崎岖，农业开发易造成水土流失等生态问题，是需要保护的生态功能区；同时，人口较为密集，贫困人口数量较大，又承担着农村人口转移和贫困人口扶贫开发的重担，广元市和巴中市的开发是四川省可持续发展实验区实践的重要组成部分。

4. 省级控制开发区

　　甘孜州、阿坝州、凉山州作为四川省可持续发展实验区的控制开发区。其组成包括国家规定的严格禁止开发的区域，保护区外围的缓冲带和生态保护区，适度开发的城镇居民点。对于省级控制开发区，要将生态文化旅游开发作为地区发展的引擎，寻求"以开发促保护"的可持续发展之路。

4.5　基于主体功能区的四川省可持续发展实验区的实证研究

　　主体功能区的提出是一项重大战略决策，从 2006 年的"十一五"规划提出的主体功能区战略思想，到 2010 年年底推出的《全国主体功能区划》，再到依照主体功能区划所制定的"十二五"规划，主体功能区划已成为指导我国国土开发的纲领性文件。可持续发展实验区自 20 世纪 80 年代中开始"可持续发展综合示范试点"到 20 世纪 90 年代末正式定名为"可持续发展实验区"，至今已经超过 20 年，其发展同步于我国改革开放的进程，是我国经济社会发展的有益探索。可见，主体功能区规划的提出与可持续发展在内涵上是一致的，应当说，主体功能区规划是包括可持续发展观在内的发展观念理论在更高阶段的产物。

　　可持续发展实验区是区域经济的发展探索，设立可持续发展实验区的标准相对而言较多地考虑区域的社会经济发展水平，对区域经济社会发展的环境和资源因素及发展机制研究不够。在评价上，可持续发展实验区的评价标准对区域之间不具备个性化设计，必然导致实验区建设的盲目性和不协调性。主体功能区的建立为可持续发展实验区提供了较好的参照，有利于可持续发展实验区找准定位，制定科学、高效的发展策略，也有利于国家对各类区域制定不同的管理标准和扶持政策，推进可持续发展实验区的开展。

4.5.1　四川省可持续发展实验区的建设

《中国 21 世纪议程》编制、颁发以后，四川省在 1994 年就开始筹备《四川 21 世纪议程》的编研工作。1995 年，《四川 21 世纪议程》完成编制，内容分为四个部分，依次是可持续发展总体战略、社会可持续发展、经济可持续发展、资源与环境的合理利用和保护。《四川 21 世纪议程》把经济、社会、资源与环境视为密不可分的系统，提出要在发展中解决环境保护问题，还系统论述了经济可持续和社会可持续的问题，提出了走向可持续的战略、政策和行动措施；提出"环境的外部化转向环境的内在化"，环境保护是"发展"本身的重要组成部分；要把环境与经济、环境与社会、环境与资源等相分割的战略、政策和管理模式，转向环境与发展紧密结合的可持续发展管理模式。为此，又制定了"中国 21 世纪议程——四川行动计划"，该行动计划的主要内容具体包括三方面：经济可持续、人口可持续和资源环境可持续。将四川省经济、人口、资源、环境、生态等领域重大问题的解决融入可持续发展整体战略部署之中。结合四川省的国家级可持续发展实验区，建立了一批省级可持续发展实验区，以此推进四川省区域可持续发展的探索。

4.5.2　四川省可持续发展实验区的分布

四川省可持续发展实验区概况如表 4.23 所示：

表 4.23　四川省可持续发展实验区概况表

市/州	可持续发展实验区	级别	通过时间
成都市	金牛区可持续发展实验区	国家级	1994 年
	双流县可持续发展实验区	省级	2012 年 12 月
德阳市	广汉市可持续发展实验区	国家级	1993 年
攀枝花市	仁和区可持续发展实验区	省级	1997 年
乐山市	五通桥区可持续发展实验区	省级	1998 年
		国家级	2004 年
眉山市	丹棱县可持续发展实验区	国家级	2009 年 10 月
宜宾市	兴文县可持续发展实验区	省级	2012 年 10 月
广安市	广安县协兴镇可持续发展实验区	省级	1994 年
	广安市可持续发展实验区	省级	2012 年 2 月
雅安市	雨城区可持续发展实验区	省级	1998 年
泸州市	江阳区可持续发展实验区	省级	2010 年 3 月
广元市	利州区可持续发展实验区	省级	2012 年 12 月

对于本节以市级为单位的主体功能区划,各级可持续发展实验区分别处于优化开发、重点开发和限制开发区内,大致可以分为四种类型:

(1)金牛区、双流县(2015年12月更名为双流区)、广汉市位于优化开发区及其周边。

(2)乐山市五通桥和攀枝花市仁和区,泸州市江阳区和广元市利州区,位于省级重点开发区或区域内重点开发区。

(3)眉山市丹棱县和雅安市雨城区位于省级限制开发区,即具有生态和农业的主体功能区性质。

(4)宜宾市兴文县位于国家级自然保护区域及其外围实验区、缓冲区范围,属于控制开发区的类型。

4.5.3　四川省可持续发展实验区的类型、分布与实践

4.5.3.1　优化发展区发展经验——以成都市金牛区国家示范性可持续发展实验区为例

成都市金牛区位于成都市中心城区西北部,行政区面积为10800公顷,其中城市建成区面积为2600公顷,郊区农村区域面积为8200公顷。全区常住人口为72.27万人。1994年,金牛区被批准为国家社会发展综合试验区(1999年更名为国家可持续发展实验区)。设为实验区之初,区内企业多家已经老化、破产,大批工人下岗,贫困人口比例较大,经济社会发展迟缓。

金牛实验区建立以来,至2011年年末,金牛区一年完成GDP 592.8亿元,较2010年增长13.1%,人均GDP达49347元,第一、二、三产业产值比为0.04:28.9:71,服务业产值的比重远远超过全市平均水平。城镇居民人均收入为23816元,较上年增长17.3%;农民人均纯收入为15508元,增长19.15%,社会经济实现良性发展。

成功经验:走可持续发展道路,将科学规划作为引领可持续发展的基础性工作,在此基础上,大力支持优势可持续发展项目发展,以可持续发展示范项目带动可持续实验区建设。以"生态化城市建设、文明型社区建设"的统领,形成"政府、企业和公众联动共建""经济、社会良性互动""资源共享、广泛参与"的实验区建设机制。

4.5.3.2　重点发展区发展经验——以乐山市五通桥区国家可持续发展实验区为例

对于能源消耗较大、污染较为严重的化学工业区,五通桥区在发展循环经济的探索中,依靠科技创新,利用先进实用技术改造传统产业,依托资源和产业优

势，促进产业之间共生耦合、互动发展，区内循环经济水平得到提升。工业上形成了"卤水→白炭黑""卤水→有机硅及其应用产品""卤水→水泥""卤水→稀土萃取"等循环产业链；五通桥区工业能源消耗稳步下降，2009 年全区万元规模以上企业工业增加值能耗比上年同期下降了 8%，同时，区内工业固体废弃物综合利用率达到 98%，工业废水重复利用率达到 71% 以上，主要污染物排放强度逐步递减，主要流域基本稳定在Ⅲ类水质。目前，五通桥区已基本形成了经济发展与能源节约、环境保护"多赢"的良好局面，为同类型地区的经济、社会和资源环境协调可持续发展战略提供了示范。

4.5.3.3　限制开发区发展经验——以眉山市丹棱县国家可持续发展实验区和广安市协兴镇省级可持续发展区为例

1. 生态涵养区

四川省眉山市丹棱县地处四川盆地西南边缘，岷江以西，青衣江以东，总岗山南麓，辖区面积为 448.94 平方千米，辖五镇二乡，总人口为 16.3 万人，是全国第一个农村生态文明家园建设试点县、国家级生态示范区、中国民间唢呐艺术之乡、中国西部农村信息化建设示范县和四川省整体推进新农村建设示范县。该县自 2009 年创建省级可持续发展实验区以来，通过大力开展科技富民和新农村建设，经济、社会、生态协调发展取得长足进步，摸索出农村垃圾收集处理的"龙鹄模式"等典型做法。该县的成功经验主要有：

(1)突出农村生态文明建设和环境保护，体现区域生态功能区的主体特征。

(2)加强地方文化的保护和开发，培育地域特色的优质旅游资源。

(3)加强农村信息化，通过科技教育投入为区域可持续发展注入活力。

2. 农业功能区

广安市协兴镇是贫困地区的县属镇实验区，位于广安县北部渠江西岸，距县城 4 千米，辖区面积 37.6 平方千米，人口 3.5 万人，人口密度达 905 人/平方千米，人口密集，人均耕地资源面积狭小，这正是四川省东部大部分农村发展面临的主要问题。该区内气候适宜农业生产，就发展农业生产的经济总量而言，完全不能满足实现小康社会的发展目标。

在实验区试点示范建设方面，重点抓精神文明建设示范工程——小平故居建设，教育基础设施示范工程——希望小学和翰林小学，可持续农业示范工程——果山村生态农业，通信示范工程——光纤双向传输宽带信息网络工程。通过实施这些可持续发展示范工程，以点带面，宣传、示范、带动了全镇可持续发展战略的实施，依靠科技促进了全区经济社会的可持续协调发展。1995 年以来，全镇实现农民人均纯收入年增长率 15.7%，高于当地平均水平。人口自然增长率控制在 6‰以下，适龄儿童入学率达到 100％以上，学生巩固率 100％，普及了九年制义务教育。

4.5.3.4 控制开发区发展经验——以宜宾市兴文县省级可持续发展区为例

兴文县位于四川盆地南部山区，区内为喀斯特地貌，地表崎岖，对农业生产不利，同时，自然生态较为敏感，易发生水土流失和地质灾害。另外，岩溶地貌景观具有很高的旅游价值和科研价值；地形复杂、生态环境的多样性孕育了种类多样的野生动植物，物种资源丰富，具有发展特色农业、药材种植等的优势。兴文县境内原为少数民族聚居地，有苗、回、藏、满等 17 个少数民族，其中，苗族同胞 4.5 万人，占总人口的 11％。

兴文县处于生态敏感性较高、不适宜人口居住的地区，拥有国家禁止开发的喀斯特地质地貌，同时又是少数民族、革命老区、贫困人口分布地区，民族地区、贫困地区和山区开发与自然环境及其主体功能矛盾突出。该县的成功经验主要有：

(1)建立自然保护区，严格控制特殊地区的开发活动。

(2)开发地质地貌、民族风情和红色旅游，将不适宜开发的区域资源转化为可持续产业的经济优势。

(3)开发小水电和特色农产品种植、养殖产业，充分利用山区林业资源，发展绿色农业。

(4)加强教育投资和科技信息交流平台建设，为实现区域的人口转移和区内服务产业升级提供智力支持。

4.5.4 基于主体功能区的四川省可持续发展实验区的发展模式评价

主体功能区规划是区域协调发展战略的体现。首先，可持续发展实验区的建立应当以主体功能区的发展策略为参照，即可持续发展实验区的设立应当具有充分的典型性功能区特征。其次，主体功能区划应当对可持续发展实验区的发展类型起到指导作用。在省级主体功能区内，可持续发展实验区的发展类型应当受到制约。最后，可持续发展实验区的管理可以依照主体功能区的管控模式。

根据主体功能区规划，对照四川省可持续发展实验区的现状，从区域分类和发展现状及可持续发展区的发展方向对四川省可持续发展实验区进行如下评价：

(1)四川省可持续发展实验区的分布较为合理。在优化开发、重点开发和限制开发区都分布有典型性的可持续发展实验区，这对于全面推进可持续发展具有较强的适用性。

(2)四川省可持续发展实验区的实效性显著。可持续发展实验区要解决区域单元如何推进可持续发展的难题，主体功能区划要破解的是区域整体重复建设、同质竞争和资源环境破坏的困局,二者的结合点就是不同类型区内同类型子区的发展问题。四川省可持续发展实验区包含了优化开发区和重点开发区及限制开发区内的重点开发区的案例,正是主体功能区所要协调解决的矛盾。科学制定以上三类区域的发展策略,是可持续发展攻坚克难的关键点。

(3) 四川省可持续发展实验区的发展方向总体向好。四川省可持续发展实验区围绕"集约发展、循环经济、清洁高效和环境保护"等可持续发展思想,实现了发展区社会经济的良性循环。但是,也有少量可持续发展实验区的区域定位和发展方向仍然是走以经济扩张统领发展的老路,需要进行适当的调整。

将四川省 13 个可持续发展实验区的发展特征进行判别,可以得到表 4.24。

表 4.24　四川省可持续发展实验区与主体功能区比照表

市/州	主体功能区类型	可持续发展实验区	发展特征	级别	最优发展模式	适宜程度
成都市	优化开发区	金牛区可持续发展实验区	城市三产为主	国家级	优化开发	优
成都市	优化开发区	双流县可持续发展实验区	物流和轻工制造业	省级	优化开发	一般
德阳市	重点开发区	广汉市可持续发展实验区	新型工业	国家级	重点开发	优
攀枝花市	重点开发区	仁和区可持续发展实验区	有色金属冶炼和特色农业	省级	重点开发	优
乐山市	重点开发区	五通桥区可持续发展实验区	资源型产业和重工业、化学工业	国家级	优化开发	一般
眉山市	生态功能区	丹棱县可持续发展实验区	民俗旅游、特色农业	国家级	限制开发	优
宜宾市	重点开发区	兴文县可持续发展实验区	旅游、特色农业	省级	控制开发	优
广安市	限制开发区	广安县协兴镇可持续发展实验区	新农村建设、旅游	省级	农业功能区	一般
广安市	限制开发区	广安市可持续发展实验区	新农村建设	省级	农业功能区	一般
雅安市	限制开发区	雨城区可持续发展实验区	制造业、特色农业	省级	农业功能区	一般
泸州市	限制开发区	江阳区可持续发展实验区	轻工业、印染业等	省级	农业功能区	一般
南充市	优化开发区	嘉陵区可持续发展实验区	工业、服务业、特色农业	省级	优化开发	优
广元市	限制开发区	利州区可持续发展实验区	冶金、煤电、轻工和木材加工	省级	限制开发	不适宜

　　由表 4.24 可以看出，四川省可持续发展实验区存在的问题集中在限制开发区类型上。在限制开发区内，发展优势明显的单元应当如何发展，应当依照主体功能区划加强认识，探索限制开发区发展的模式，避免盲目照搬优化开发区和重点开发的发展思路。根据主体功能区的内涵，归纳四川省可持续发展实验区的发展模式，具体内容见表 4.25。

表 4.25　四川省可持续发展实验区发展模式

可持续发展 实验区类型	所属主体功 能区类型	可持续发展 实验区特征	发展模式
优化开发区	优化开发区	城市核心区	现代服务业、第三产业、生态旅游
重点开发区	优化开发区	城市外围	物流、轻工业、制造业
	重点开发区	工业集中区	原材料生产、重型制造业和服务业
	农业功能区	区域中心区 位条件较好	农产品纵深加工、城镇化、特色农业、生态旅游
	生态功能区	区域中心区 位条件较好	农副品纵深加工、城镇化、特色农业、生态旅游
限制开发区	重点开发区	资源环境恶化	优化产业结构，优先发展制造业、服务业
	农业功能区	粮食主产区、 人口密集	农业现代化、特色农业、生态旅游
控制开发区	不考虑所属类型	生态脆弱自 然资源独特	自然保护区建设、生态产业、旅游业、特色农业

4.6　本章结论

　　(1)参考区域可持续发展理论及评价体系，建立区域发展综合水平的评价指标体系，较为全面地衡量区域自然、社会和经济因素，根据计算结果，运用主体功能区的综合区划方法，得到四川省主体功能区划结果，该结果与四川省区域发展实际情况较为贴合。

　　(2)运用主体功能区对可持续发展实验区发展特征进行鉴别，得出了评价结论；可持续发展实验区的起步较早，四川省可持续发展实验区的设立和发展目标定位不够清晰，认识缺少依据，有待于运用主体功能区鉴别可持续发展实验区的发展特性；四川省可持续发展实验区分布较为科学、合理，具有典型性；大部分可持续发展实验区设置较为合理，发展策略正确、发展目标清晰，而部分可持续发展实验区定位存在偏差，仍然是传统的发展方式甚至不具有可持续性；建议根据主体功能区功能定位予以调整。

　　(3)运用主体功能区对可持续发展实验区的发展进行指导和总结，归纳出了可持续发展实验区的发展模式，其思想方法可归结为：将主体功能区划类型与区域实际结合起来，依据经济社会的发展机理，制定可持续发展实验区的发展策略，形成区域发展特色，达到区域全面发展。

（4）基于主体功能区的可持续发展实验区的研究表明，生态主体功能和农业主体功能是可持续发展实验区建设的难点，有必要深入研究生态主体功能和农业主体功能（即限制开发区）内的可持续发展实验区建设。

第5章 四川省可持续发展实验区协调度研究

5.1 研究意义

实验区的设立和建设本身就是可持续发展理论的延伸，其实质是我国地方政府实施可持续发展战略的具体行动。实验区的建设和发展具有以下重要意义。

(1)实验区作为可持续发展的重心，是由国家层面向地方层面的重要转变，是地方政府实施可持续发展行动的基地，实验区的研究有助于地方实验区行动的顺利开展。由于我国幅员辽阔，各省、市间地域和经济差异较大，国家制定和实施的可持续发展战略应作为纲领性文件指导各省、市的发展，其工作的重心应逐渐从国家层面向地方层面转移，这样才能切实地落实其实质性内容。实验区的形成是凝聚和发挥各方优势资源的最好途径，也是进一步细化可持续发展行动的基地。实验区可根据区域内部的自身特点，结合具体情况，制定和实施促进当地可持续发展的特别措施，独具地方特色，形成示范工程。

(2)实验区是落实科学发展观，实现人口、资源、环境、社会、经济协调发展的实践基地，对实验区的研究有助于发现地方层面的实验区在人口、资源、环境、社会、经济等方面的实践情况，进而完善实验区在各个方面的不足。2003年以后，我国提出了以人为本的全面、协调、可持续的发展观。可持续的发展不再局限于生态和环境问题，而是强调人口、资源、环境、社会、经济的协调共生和持续发展，其实质也是强调社会进步与经济发展、人类生活和生存质量的提高。这些理念和内涵逐渐渗透到实验区里，因此，实验区的建设和发展将会影响科学发展观的全面落实。

(3)实验区是区域可持续发展模式及机制创新的基地，其发展模式和机制的研究不仅有助于自身的完善，更是其他区域学习的典范。实验区作为一个新事物，作为"实验"品，自然没有固定的发展思路，其发展模式仍处于探索实践阶段。实验区从1986年建立至今，在我国已开展了30年的工作，由于实验区的地理区位、自然资源、经济结构等各具特色，因此，实验区的发展模式和机制各具区域特色，这不仅有利于可持续发展模式的探索和研究，同时也为其他类似区域的可持续发展提供示范和带动作用。

5.2　研究的理论内涵

5.2.1　可持续发展理论

1. 可持续发展理论的形成

可持续发展是一种注重长远发展的经济增长模式，其发展理论是一个逐步形成的过程，而且现在仍然处于创建和形成过程当中。

20 世纪 50~60 年代，因环境污染造成的短时间内人群大量发病和死亡的公害事件，在人类历史上留下了深刻而惨痛的教训，如著名的多诺拉烟雾事件(美国，1948 年)、伦敦烟雾事件(英国，1952 年)等。人们在经济增长、资源锐减、人口增多、城市化加快的情况下，对人与自然的关系、经济发展模式与环境的保护进行了深层次的研究和思考。

1962 年，美国的海洋生物学家莱切尔·卡逊(Rachel Carson)出版了《寂静的春天》。这部环境保护科普著作以寓言的形式，描述了由于农药污染导致了本来生态环境优美的小镇突然面临死亡的可怕景象。这部著作在世界范围内引发了人类关于发展观念的争论，标志着人类首次关注环境问题，被认为是一个新的生态学时代的开始。

1968 年，来自 10 个国家的约 30 个科学家、经济学家、教育家在罗马猞猁科学院成立了罗马俱乐部(The Club of Rome)，主要致力于讨论现在和未来人类的困境问题，并于 1972 年提交了第一份研究报告——《增长的极限》(*The Limits to Growth*)。该书从全新的角度启发人类重新认识人与自然、人与经济发展的关系等问题，引起人们对现存的发展模式进行深刻反思，从而掀起了世界性的环境保护热潮。

1972 年 6 月 16 日，在斯德哥尔摩举行的联合国人类环境会议通过了《人类环境宣言》(*Declaration on The Human Environment*，以下简称宣言)，该宣言指出"有关保护和改善环境的国际问题，应当由所有国家，不论大小在平等的基础上本着合作精神来加以处理"[130]。该宣言标志着与会各国在保持和改善人类环境方面有了共同的看法。

1987 年，联合国世界环境与发展委员会(WCED)经过近四年的研究，发表了《我们共同的未来》报告，该报告第一次明确提出了可持续发展的概念，并以"持续发展"为基本纲领，对环境与发展问题进行了详细论述，这标志着人类有关环境与发展思想的一次重要飞跃，是一条新的发展道路。

2. 可持续发展的定义

　1）经典定义

　可持续发展也称为"持续发展""可续发展"。1987 年，联合国环境与发展委员会在报告——《我们共同的未来》中，将可持续发展定义为：既满足当代人的需求，又不对后代人满足其自身需求的能力构成危害的发展。[34]这一定义具有高度的概括性和很强的哲理性，在 1992 年联合国环境与发展大会上得到了各国广泛的接受，也被认为是可持续发展的经典定义。

　2）其他具有代表性的定义

　由于可持续发展涉及自然、社会、科技、经济、伦理等诸多方面，因此，由于研究者所站的角度不同，对可持续发展所做的定义也就不同。其他具有代表性的定义大致归纳如下。

　从自然属性方面，可持续发展的定义为：保护和加强环境系统的生产和更新能力。

　从社会属性方面，可持续发展的定义为：在生存不超出维持生态系统涵容能力的情况下，改善人类的生活品质。

　从科技属性方面，可持续发展的定义为：依靠科技进步，运用更清洁和有效的技术和接近于"零排放"或"密封式"的工艺方法，尽可能减少对能源和其他自然资源的消耗、浪费和不必要的破坏[131]。

　从经济属性方面，可持续发展的定义为：其核心目标是经济发展，是在不破坏自然资源基础和不降低环境质量的前提条件下的经济发展[131]。

　从伦理属性方面，可持续发展的定义为：目前的决策不影响后代人维持和改善他们生活水平的能力[132]。

3. 可持续发展理论的内涵

　可持续发展是一种全新的发展观，有别于迄今为止任何的社会经济发展模式，是人类对以往经济社会活动进行深刻反思的结果。可持续发展模式已成为世界各国普遍接受和遵循的发展原则。由于各国发展阶段、自然条件、文化等方面的差异，各国对其的理解和关注也各不相同，对其的探索程度自然也就不同。

　对于我国而言，作为一个发展中国家，积累的可持续发展经验不足，以实验区的形式在局部地区试点形成示范，并加以推广是理智的选择。概括起来，我国的可持续发展可理解为如下内容。

　（1）突出发展的主题。发展的内涵包括经济、社会、科技、文化等诸多方面，与经济增长有着根本的区别，但不可否认经济发展是基础，是实现人口、资源、环境等各方面协调发展的根本保障。

　（2）发展的可持续性。自然资源是实现可持续发展的物质基础，然而其数量和承受能力是有限的,要实现自然资源的永续利用,就要求人类的经济和社会的发展不能超越资源和环境的承载能力。

(3)人与人关系的公平性。可持续发展既要考虑当代人发展的合理需要和诉求,又要考虑后代人发展的需要[131]。这就要求人们解决好有限资源在当代人与后代人之间的合理配置和发展。

(4)人与自然的协调共生。可持续发展是一种新的发展模式,要实现可持续发展必须转变人们传统的思想观念和行为习惯,建立新的道德观和价值观,使人民大众自觉行动,尊重自然,实现人口、资源、环境、经济协调发展。

4. 可持续发展指标体系

1)联合国统计局的 FISD 模型

1994 年,联合国统计局的彼得·巴特尔穆茨(Peter Bartelmus)对联合国的"环境统计开发框架"(the framework for the development of environment statistics, FDES)进行了修改,以《21 世纪议程》中的主题章节作为可持续发展进程中应考虑的主要问题对指标进行分类,构建了一个可持续发展指标体系的框架。FISD 在指标的分类上类似于"压力—状态—响应"模式,即社会和经济活动对应于"压力"影响,效果与储量、存量及背景条件对应于"状态",对影响的响应对应于"响应"。同联合国可持续发展委员会提出的可持续指标体系一样,FISD 指标数量庞杂,在定性方面有一定的矛盾。

2)联合国可持续发展委员会的 DSR 模型

DSR 模型即"驱动力—状态—响应"概念模型,在"经济、社会、环境和机构四大系统"的概念模型和驱动力概念模型的基础上,结合《21 世纪议程》提出了一个初步的可持续发展核心指标框架。DSR 模型体系的指标类型如表 5.1 所示。

表 5.1 DSR 指标类型

指标类型	指标含义
驱动力	导致发展不可持续的社会经济因素
状态	各系统的现状水平
响应	系统内因素改变值

DSR 模型针对性地研究了环境系统所承受的外部冲击和环境发生迁移的状态过渡间的因果关系,同时环境状态也与可持续发展的目标直接相关,在主观上意义是明确的。社会和经济指标对于不可持续的社会经济因素有一定的关联度,但很难厘清二者是否完全为因果关系,部分社会经济指标如集约化生产、高效节能技术反而是有利于可持续发展的。该指标体系所选取的指标数目庞大,且粗细分解不匀,这些都是该指标体系框架须加以改进的地方。

各国可持续发展所面临的问题有差别,资料完备程度不同,要进一步根据特定的情况和政策目标对指标进一步筛选。DSR 概念模型应用于环境类指标可以很好地反映出指标之间的因果关系，但应用于经济和社会类指标则无多大的实际意义。

3）国际环境问题科学环境委员会的可持续发展指标体系

国际环境问题科学委员会（SCOPE）和联合国环境规划署（UNEP）合作，提出了人类活动和环境相互作用的概念模型，认为资源、能量、污染净化能力及以水和大气为代表的环境指标之间存在着相互关系，根据环境问题及解决程度提出了六个方面的指标，这些指标的现状水平与可持续发展目标值之间的差距给予各自的权重。各国具有一致的可持续发展目标成为评价指标赋权的前提，由于不同地区所处发展阶段不同，对环境质量的关注点和要求标准也有差异，很难达成一致目标，从而导致这一指标体系难以操作。

4）世界银行的可持续发展水平评价

1995 年，世界银行提出了用 Country's wealth（国家财富）或 National per capita capital（国民人均资本）为依据度量各国发展的可持续性的方法。这一评价体系（表 5.2）摒弃了对国家财富以资本数量进行量度的传统思维和方式，将财富的概念超越了货币和实物的范畴，扩展到有利于地区可持续发展的"人力资源"和"社会资本"。从一定意义上讲，世界发展银行注意到人口素质和社会组织制度等"发展软实力"在可持续发展中的重要地位；也映射了科技的投入和高效集约的发展模式将使资源充分利用且有结余，就会为子孙后代留下更多的实物资源。

表 5.2　世界银行的可持续发展指标体系

经济	社会	环境
经济增长率	失业率	资源消耗
储蓄率	贫困人口数量	综合污染状况
收支平衡指数	居住条件	生态系统脆弱性
国家债务率	人力资本	对人类福利的影响

朱启贵认为，总量资本法以更加多维的角度度量世界各国和地区的真正财富[124]。叶文虎和仝川认为，以单一的货币尺度度量国家财富困难较大，因为指标体系中"人力资源"和"社会资本"的货币化存在障碍[123]。另外，环境资源和矿产、能源之间价值量难以计算。

世界银行的可持续发展指标的优点体现在三个方面：对可持续发展内涵的阐述；反映了可持续发展能力及其变化趋势；指出区域可持续发展的动力主要在于人力资源的积累，把人的价值提高到了应用的高度。

由此可以看出，对于可持续发展概念的内涵，不同学者和机构都有自己独到的见解，经过较长时期的探讨和实践，认识逐步走向统一，即资源和环境的可持续性。对于评价的目标和标准，联合国关于可持续发展指标体系的研究工作正在由单一部门职能研究走向横向联合研究，运用所建立的指标体系对国家和地区的可持续发展的进程进行评价已经初步实践，指标的选取已经由表征发展状态的无序指标类型发展到揭示发展动力的同向指标类型，指标体系的建立逐步由繁杂走向特征指标的选取，指标分值的综合中，各指标权重的确定表现出横向重要性鉴别和纵向变化趋势量度的技术路线。

5.2.2　循环经济理论

1. 循环经济的产生

"循环经济"（circular economy）一词最先由美国经济学家鲍尔丁（Boulding）于 20 世纪 60 年代提出，他早期的"宇宙飞船经济理论"可看作循环经济思想的萌芽，他认为，地球就如同在太空中飞行的宇宙飞船，需要不断地消耗和再生自身有限的资源而生存，如果不合理开发资源、破坏环境，就会像宇宙飞船那样走向毁灭。这一概念的提出，说明人类所展开的各种经济活动需要在地球资源与环境的承载力范围以内，并不能为所欲为地展开。

20 世纪 70~80 年代，世界各国逐渐认识到以环境为代价而追求的经济增长虽然创造了巨大的财富，但经济活动中伴随的大量的环境问题和危害已严重破坏了全球的资源和环境。因为缺乏行之有效的策略，当时运行的是环境污染的末端治理模式，其社会生产模式是"先污染，后治理"，其流程是"资源—产品—污染排放"，但人们已经开始关注采用资源化方式处理污染物和废弃物，从思想上有了升华。

20 世纪 90 年代，随着环境污染和环境危害日趋严重，可持续发展理论应运而生，人们逐渐认识到传统的以牺牲和浪费资源环境为代价的经济发展是污染的根源，应积极探索一种在生产源头、生产过程和产品使用后的不同阶段都减少各种污染的发展模式，这种模式应不降低环境质量，不破坏自然资源，兼顾经济和社会的发展、资源节约、环境保护三大目标。因此，自可持续发展概念提出以后，人们开始深入探索这种新型的循环经济发展模式，循环经济和知识经济成为社会发展的主流趋势。经济发展过程中不同发展观与发展模式如图 5.1 所示。

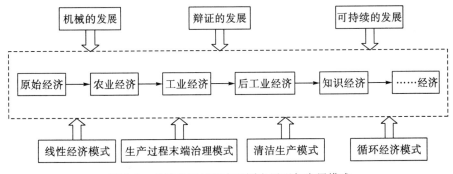

图 5.1　经济发展过程中不同发展观与发展模式

3. 循环经济的原则

循环经济体现了一种新的思维模式，是 21 世纪实施可持续发展的重要实践模式，其本质是涉及经济、社会、生态三方面的和谐统一，是一种生态经济，对传统线性经济的革命具有重要的意义。

"3R"原则是循环经济的核心内涵，即减量化、再利用、再循环原则，它们遵循科学顺序进行排列。

减量化原则主要依靠减少进入生产和消费流程的物质量，从而在源头上节约和控制资源的使用量，从根本上减少废弃物的排放量，属于输入端方法。

再利用原则通过对产品余料、废料等淘汰物品的多次循环使用或修复、翻新后继续使用，而不是一次性就了结，目的是延长物品在消费和生产中的时间强度，延长其生命周期，防止物品过早成为垃圾，属于过程性方法。

再循环原则（也称资源化原则）是通过把废弃物最大限度地再次变成资源后，重新流向生产的输入端，在减少废物最终处理量的同时，也减少了对原始资料的消耗，形成物质再循环式的资源利用模式，属于输出端方法。

"3R"原则是一个有机联系的整体，它把经济活动组织当成一个"资源—产品—再生资源"的反馈式流程[133]，其实质就是用较少的资源投入达到计划的生产或消费目标，在节约资源和减少污染的同时，使经济活动与自然生态系统的发展规律相协调，达到社会发展、经济发展和环境保护"三赢"的境地[134]，循环经济"3R"原则见图 5.2。

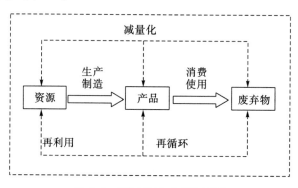

图 5.2　循环经济"3R"原则

5.3　可持续发展协调度评价的研究思路、内容及方法

5.3.1　可持续发展协调度评价的流程

研究通过建立影响四川省可持续发展实验区协调发展的指标体系，即

PREES 系统，采用多种数学方法，从定性与定量两个方面，对四川省可持续发展实验区的协调性进行分析和评价，并根据四川省实验区的建设情况，分析其实验区建设的机制、典型的发展模式、面临的突出问题和应重点发展的领域，研究思路见图 5.3。

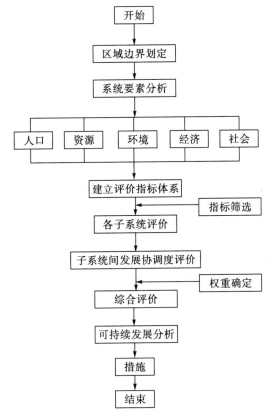

图 5.3　可持续发展综合评价流程图

5.3.2　可持续发展协调度评价的内容

本节研究的主题是四川省可持续发展实验区的协调性，主要从以下几个方面来进行研究：

（1）总结可持续发展实验区的起缘及其发展阶段，明确其建设的理论依据。

（2）在总结国内外主要的几种可持续发展指标体系的基础上，根据实验区评价的指标体系，并结合四川省的实际情况，构建可持续发展协调性评价综合指标体系，并运用适当的数学方法进行分析和评价。

（3）根据四川省实验区的建设和发展情况，分析其运行机制、两个典型模式，提出其目前主要面临的问题和应重点建设的领域。

5.3.3　可持续发展协调度评价的技术方法

本节对四川省可持续发展水平的协调性进行度量时，主要构建了PREES系统(图5.4)，运用了协调度计算法和主成分分析法来进行计算。其中协调度计算法主要是对西部大开发以来，四川省在人口、资源、环境、经济、社会方面的可持续协调发展进行一个纵向的度量，分析四川省近年来构建可持续发展实验区时的协调发展状况；主成分分析法主要是对四川省21个市/州的可持续发展协调性进行横向的度量和分析，并比较其在构建实验区过程中的优势和不足。

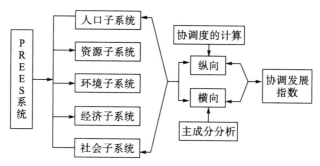

图5.4　基于PREES系统的可持续发展综合评价的主要内容

5.4　四川省可持续发展实验区指标体系的构建

可持续发展已不再是单纯追求经济的发展，而是强调以人为中心的人口(population)、资源(resource)、环境(environment)、经济(economy)、社会(sociology)的协调发展。可持续发展实验区协调性的度量也不是单纯由一个或简单的几个指标就能全面度量和评价的，而应依据可持续发展的内涵，建立一套科学、严密、合理的综合指标体系。为了全面、科学地衡量和评价四川省可持续发展实验区的协调性，研究建立了由P(population)、R(resource)、E(environment)、E(economy)、S(sociology)为关键要素构成的综合指标体系，即PREES系统模型。

5.4.1　指标体系构建的基本原则

基于可持续发展思想的内涵和协调发展系统的复杂性，可持续发展指标应该能够反映人口、资源、环境、经济和人类社会之间的发展状况。研究在构建四川省可持续发展实验区协调发展指标体系时，应遵循以下四方面的原则。

(1)科学性与实用性相统一。指标体系的建立和选取应建立在科学的基础之上，能全面地反映人口、资源、环境、经济和社会的各个方面，同时必须以公认的科学理论为依据，其统计指标应考虑可获取性和定量化的可行性，应具有一定的代表性，指标数量不宜太多。

（2）系统性与层次性相统一。可持续发展本身就是一个巨大的系统，并由不同的层次和要素构成，其指标体系也应由多层结构组成，并反映各层次的特征和系统的协调性。

（3）普遍性与特殊性相统一。由于区域之间自然条件、经济发展水平、社会发展状况等各方面的差异，造成各区域间发展水平和状况不一，不同区域影响其协调发展的主要因素各不相同。因此，在建立指标体系时，应将指标的普遍性与特殊性相结合，在遵循共同原则的基础上，与区域实际相结合，构建符合自身协调发展的指标体系。

（4）动态性与静态性相统一。区域的协调可持续发展并不是静止不动的，而是按照一定的规律和方式不断运动和变化着，其指标体系的建立应反映系统动态性的特点，并能预测未来的发展趋势。然而在一定时期内，为反映协调发展的现状，指标体系内容应保持相对的稳定性。所以，指标体系应有动态和静态指标，并注意二者之间的统一。

5.4.2　指标体系的构成及内涵

根据上面提出的原则，结合四川省人口、资源、环境、经济、社会的发展状况，提出反映该系统协调发展水平的 PREES 系统模型（图 5.5）。该体系由系统层、子系统层、准则层、指标层构成，其中指标层构成准则层，准则层构成子系统层，子系统层构成系统层，四川省可持续发展实验区协调发展评价指标体系具体如表 5.3 所示。

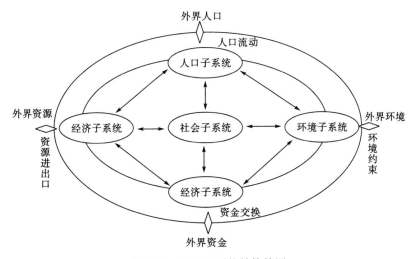

图 5.5　PREES 系统结构简图

表 5.3　四川省可持续发展实验区协调发展评价指标体系

子系统层指标	准则层指标	指标层(指标因子)
系统层 人口	人口数量	城镇化率
		人口密度
	人口结构	就业人口占总人口的比例
		第二和第三产业就业人员比重
资源	资源条件	人均耕地面积
	资源利用	单位 GDP 能耗
环境	生态条件	人均公共绿地面积
		人均公园绿地面积
		森林覆盖率或归一化植被指数(NDVI)
		建成区绿化覆盖率
	环境治理	污水处理率
经济	经济规模	地区生产总值
		人均地区生产总值
	经济结构	工业化率
		第二和第三产业产值比重
		固定资产投资额
	经济效益	规模以上工业企业总资产贡献率
社会	生活水平	农村居民人均纯收入和城镇居民人均可支配收入的比值
		农村居民人均消费和城镇居民人均消费的比值
		城镇职工养老保险征缴率
	生活条件	千人拥有床位数
		千人拥有医生数
		中小学教师学生比

1. 人口子系统

　　人口是一切社会生产行为中最积极的因素,是区域经济发展中最主要的推动者,同时也是生态系统中最具能动性的类群。因此,人口是区域可持续协调发展中的主体和核心要素,是整个系统中最积极、最活跃的因素。人口的数量和质量直接影响着区域可持续发展系统的协调状况。

　　本书的人口子系统主要从人口数量、人口结构方面反映四川省人口发展的特征及变动情况。具体指标有城镇化率、人口密度、就业人口占总人口的比例、第二和第三产业就业人员比重。

2. 资源子系统

资源是实现区域可持续发展的物质基础，社会经济的发展需要各种资源的支持。合理的开发、利用和保护资源是实现区域可持续协调发展的前提。本节的资源子系统指标体系主要从资源条件和资源利用两个方面进行描述，具体指标有人均耕地面积、单位 GDP 能耗。

3. 环境子系统

良好的生态环境是实现区域可持续协调发展的基础和必要条件。环境质量的好与坏直接影响着人类的生活质量，同时也影响着资源利用的广度和深度。本节的环境子系统主要从生态条件和环境治理两个方面进行描述，具体指标有人均公共绿地面积、人均公园绿地面积、森林覆盖率或归一化植被指数（NDVI）、建成区绿化覆盖率、污水处理率。

4. 经济子系统

经济子系统是可持续发展的核心内容，只有经济发展，才能提高人类的生活水平与质量，同时经济子系统也是强化环境保护的资金和技术保障。本节的经济子系统主要从经济规模、经济结构和经济效益三个方面反映和描述四川省的经济特征和变动情况。具体指标有地区生产总值、人均地区生产总值、工业化率、第二和第三产业产值比重、固定资产投资额、规模以上工业企业总资产贡献率。

5. 社会子系统

社会的协调发展是可持续发展的最终目标，其质量是实现区域可持续协调发展的关键。本节的社会子系统主要从生活水平和生活条件两个方面进行描述，具体指标有农村居民人均纯收入与城镇居民人均可支配收入的比值、农村居民人均消费与城镇居民人均消费的比值、城镇职工养老保险征缴率、千人拥有床位数、千人拥有医生数、中小学教师学生比。

系统层指评价的目标，衡量系统的协调发展状况。

子系统层分为人口子系统、资源子系统、环境子系统、经济子系统、社会子系统。

准则层反映各子系统的发展水平。

指标层反映各准则层的具体内容。

5.5　四川省可持续发展实验区协调度计算与分析方法

5.5.1　四川省可持续发展实验区协调度计算原理

5.5.1.1　可持续发展动态序列分析原理

1. 数据无量纲化

由于所选指标的类型、量纲、单位等的不同，指标数据无法直接进行比较，因此首先将数据进行无量纲化处理。本节主要采用直线型指标无量纲化方法，其公式如下：

$$\text{当 } x_j \text{ 为正指标时，} y_j = \frac{x_j}{\max\limits_{1 \leqslant j \leqslant n} x_j} \tag{5.1}$$

$$\text{当 } x_j \text{ 为逆指标时，} y_j = \frac{\max x_j + \min x_j - x_j}{\max x_j} \tag{5.2}$$

2. 确定指标权重

指标权重是对各指标的重要程度进行量化，其合理与否对整个综合评价有着至关重要的作用。权重的确立方法主要分为两种：主观赋权法和客观赋权法。

主观赋权法主要依靠个人的主观能动性，根据自己意见对指标进行排序，具有主观性和模糊性，如德尔菲法、模糊综合评判法、层次分析法等。而客观赋权法是依据原始数据间的相关关系来确定其权重，其数学理论依据较强，如变异系数法、主成分分析法等。

本节采用熵值赋权法确定指标权重，它利用客观指标信息的熵值来判断其权重大小，是一种客观赋权法。

熵值赋权法确定指标权重的步骤如下：

设 x_{ij} 表示样本 i 的第 j 个指标的数值，总共有 n 个样本，每个样本有 p 个指标。

（1）计算标准化指标值的比重：

$$S_{ij} = \frac{x_{ij}}{\sum\limits_{i=1}^{n} x_{ij}} \tag{5.3}$$

其中，$i = 1, 2, \cdots, n$；$j = 1, 2, \cdots, p$，且 $x_i \neq 0$。

（2）计算指标的熵值：

$$h_j = -\sum_{i=1}^{n} S_{ij} \ln S_{ij} \tag{5.4}$$

其中，$i = 1$, 2, $\cdots$, n; $j = 1$, $2 \cdots$, p。

（3）计算差异值：

$$g_j = 1 - h_j \tag{5.5}$$

其中，$j = 1$, 2, $\cdots$, p。

（4）计算指标 x_j 的权重：

$$w_j = \frac{g_j}{\sum\limits_{j=1}^{p} g_j} \tag{5.6}$$

其中，$j = 1$, 2, $\cdots$, p。

（5）计算人口、资源环境、经济、社会综合发展水平：

$$x_i = \sum_{j=1}^{p} w_j x_{ij} \tag{5.7}$$

其中，$i = 1$, 2, $\cdots$, n; $j = 1$, 2, $\cdots$, p。

5.5.1.2 系统的协调度

本节是在虞春英《经济—环境—资源系统的协调度定量分析》的基础上，运用效益理论与平衡理论的原理对系统的协调度进行构造。效益理论是指人口效益、资源环境效益、经济效益、社会效益四个方面必须同步发展，才能达到发挥最大的综合效益，一般以四种效益之和表示。平衡理论是指人口效益、资源环境效益、经济效益、社会效益四种效益保持一种协调的平衡状态，任何一方效益的增加和发展不损害另一方效益，是一种复合效益，一般以四种效益之积表示。我们的目标就是在综合效益最大的基础上，求得最大的复合效益[135]。构造以下公式：

$$D = \sqrt{C \times F} \tag{5.8}$$

$$C = \left\{ \frac{X \cdot Y \cdot Z \cdot W}{[(X + Y + Z + W)/4]^4} \right\}^k \tag{5.9}$$

$$F = (X + Y + Z + W)/4 \tag{5.10}$$

其中，X 为人口子系统的发展水平；Y 为资源环境子系统的发展水平；Z 为经济子系统的发展水平；W 为社会子系统的发展水平；C 为综合效益指数；F 为综合发展水平；D 为系统的协调度；k 为调整系数，一般取 $k=8$。

协调等级的划分如表 5.4 所示，$C=0$ 时，协调度极小；$C=1$ 时，协调度极大，系统走向新的有序结构。

表 5.4　协调发展水平的度量标准

协调度	0.90~1.00	0.80~0.89	0.70~0.79	0.60~0.69	0.50~0.59	0.40~0.49	0~0.39
协调等级	优质协调	良好协调	中级协调	初级协调	勉强协调	濒临失调	失调

5.5.1.3　可持续发展截面分析原理

主成分分析法是试图在数据信息丢失最少的原则下，对多变量的截面数据表进行最佳综合简化，也就是说对高维变量空间进行降维处理，用较少的变量或转化为几个新变量(主成分)来解释大部分信息的方法。主成分分析法的步骤如下：

(1)数据的标准化处理：

本节所涉及的指标包含正向和负向指标，正向指标不作处理，首先应对负向指标进行正向化处理，其公式为

$$X_i = 1/x_i \tag{5.11}$$

(2)构建主成分分析的数学模型：

$$\begin{cases} F_1 = a_{11}X_1 + a_{21}X_2 + \cdots + a_{p1}X_p \\ F_2 = a_{12}X_1 + a_{22}X_2 + \cdots + a_{p2}X_p \\ \quad\quad\quad\quad\quad \vdots \\ F_p = a_{1p}X_1 + a_{2p}X_2 + \cdots + a_{pp}X_p \end{cases} \tag{5.12}$$

(3)建立相关系数矩阵 $R = (r_{ij})_{p \times p}$，求 R 的特征根和 a_i 单位特征向量：

$$a_1 = \begin{bmatrix} a_{11} \\ a_{21} \\ \vdots \\ a_{p1} \end{bmatrix}, \ a_2 = \begin{bmatrix} a_{12} \\ a_{22} \\ \vdots \\ a_{p2} \end{bmatrix}, \ \cdots, \ a_p = \begin{bmatrix} a_{1p} \\ a_{2p} \\ \vdots \\ a_{pp} \end{bmatrix} \tag{5.13}$$

其中，$\lambda_1 \geqslant \lambda_2 \geqslant \cdots \geqslant \lambda_p > 0$。

(4)提取主成分。根据计算结果，提取主要因子，写出各主成分的表达式：

$$F_i = a_{1i}X_1 + a_{2i}X_2 + \cdots + a_{pi}X_p, \quad i = 1,\cdots,n \tag{5.14}$$

(5)构造综合评价函数，并进行评价。以各主成分的贡献率为权重，确定综合得分的函数：

$$F = a_1F_1 + a_2F_2 + \cdots + a_nF_n \tag{5.15}$$

其中，a_1 为权重；F_1 为主成分。

5.5.2　四川省可持续发展实验区协调度计算过程及结果

5.5.2.1　可持续发展动态序列分析过程

1. 原始数据的整理

　　根据已经确立的指标体系，选取部分主要指标，以 2012 年《四川省统计年鉴》为主要数据来源，收集整理四川省 2000～2011 年的数据，如表 5.5～表 5.8 所示。

表 5.5　四川省人口系统原始数据

年份	城镇化率 /%	人口密度 /（人/平方千米）	就业人口占总 人口的比例/%	第二和第三产业就 业人员比重/%
2000	26.69	173.4	55.41	43.26
2001	27.20	174.0	55.29	44.35
2002	28.20	174.8	55.08	46.06
2003	29.40	175.9	54.91	46.99
2004	31.10	179.9	54.58	47.86
2005	33.00	180.4	54.41	48.50
2006	34.30	168.4	54.06	51.07
2007	35.60	167.6	53.67	52.10
2008	37.40	167.8	53.21	53.88
2009	38.70	168.8	52.94	54.92
2010	40.18	166.0	53.02	56.35
2011	41.83	166.0	52.83	57.30

表 5.6　四川省资源环境系统原始数据

年份	人均耕地 面积 /亩[①]	人均公共 绿地面积 /平方米	人均公园 绿地面积 /平方米	建成区绿化 覆盖率 /%	森林覆 盖率 /%
2000	0.95	31.87	1.61	19.22	39.70
2001	0.94	31.87	1.61	19.59	39.70
2002	0.90	34.79	2.62	22.39	39.70
2003	0.87	37.98	6.88	25.77	39.70
2004	0.88	37.68	7.70	28.54	27.94
2005	0.88	32.59	7.90	31.04	28.98
2006	0.88	29.01	7.99	33.54	30.27

续表

年份	人均耕地面积/亩①	人均公共绿地面积/平方米	人均公园绿地面积/平方米	建成区绿化覆盖率/%	森林覆盖率/%
2007	0.89	29.00	8.37	34.20	31.27
2008	0.89	29.04	8.74	35.30	30.79
2009	0.89	32.29	9.49	36.40	34.41
2010	0.91	31.35	10.19	37.88	34.82
2011	0.91	34.92	10.73	38.21	35.10

注：①1 亩≈666.67 平方米

表 5.7　四川省经济系统原始数据

年份	地区生产总值/亿元	人均地区生产总值/元	工业化率/%	第二和第三产业产值比重/%	固定资产投资额/亿元
2000	3928.20	4956	29.39	75.93	1403.85
2001	4293.49	5376	29.19	77.14	1573.80
2002	4725.01	5890	29.05	77.82	1805.20
2003	5333.09	6623	30.09	78.84	2158.20
2004	6379.63	7895	31.57	78.37	2648.46
2005	7385.10	9060	34.22	79.94	3477.68
2006	8690.24	10613	36.19	81.64	4521.74
2007	10562.39	12963	37.13	80.76	5855.30
2008	12601.23	15495	39.33	82.41	7602.40
2009	14151.28	17339	40.13	84.17	12017.28
2010	17185.48	21182	43.24	85.55	13581.96
2011	21026.68	26133	45.14	85.81	15124.09

表 5.8　四川省社会系统原始数据

年份	农村居民纯人均收入和城镇居民人均可支配收入的比值	农村居民人均消费和城镇居民人均消费的比值	城镇职工养老保险征缴率/%	千人拥有床位数/个	千人拥有医生数/人	中小学教师学生比值
2000	0.32	0.31	92.8	220	282	0.0459
2001	0.31	0.29	94.0	220	282	0.0451
2002	0.32	0.29	94.9	221	293	0.0452
2003	0.32	0.30	94.7	220	288	0.0455
2004	0.33	0.32	94.9	223	282	0.0457
2005	0.33	0.33	96.8	226	283	0.0472

续表

年份	农村居民纯人均收入和城镇居民人均可支配收入的比值	农村居民人均消费和城镇居民人均消费的比值	城镇职工养老保险征缴率/%	千人拥有床位数/个	千人拥有医生数/人	中小学教师学生比值
2006	0.32	0.32	97.2	231	293	0.0468
2007	0.32	0.32	98.0	243	300	0.0479
2008	0.33	0.32	97.8	274	311	0.0505
2009	0.32	0.38	96.0	307	337	0.0525
2010	0.33	0.32	97.9	336	360	0.0546
2011	0.34	0.34	97.9	370	390	0.0559

2. 指标数据的无量纲化

利用公式(5.1)、公式(5.2)对原始数据进行无量纲化处理,借助 SPSS16.0 软件和 MATLAB 软件可得无量纲化后的标准数据,具体内容如表5.9~表5.12所示。

表 5.9　四川省人口系统原始数据无量纲化的结果

年份	城镇化率	人口密度	就业人口占总人口的比例	第二和第三产业就业人员比重
2000	0.6381	0.9609	1.0000	0.7549
2001	0.6503	0.9645	0.9979	0.7740
2002	0.6742	0.9690	0.9941	0.8039
2003	0.7028	0.9751	0.9910	0.8200
2004	0.7435	0.9972	0.9850	0.8353
2005	0.7889	1.0000	0.9820	0.8464
2006	0.8200	0.9335	0.9756	0.8913
2007	0.8511	0.9290	0.9686	0.9092
2008	0.8941	0.9302	0.9604	0.9403
2009	0.9252	0.9357	0.9555	0.9585
2010	0.9606	0.9202	0.9569	0.9834
2011	1.0000	0.9201	0.9535	1.0000

表 5.10　四川省资源环境系统原始数据无量纲化的结果

年份	人均耕地面积	人均公共绿地面积	人均公园绿地面积	建成区绿化覆盖率	森林覆盖率
2000	1.0000	0.8391	0.1500	0.5029	1.0000
2001	0.9899	0.8391	0.1500	0.5127	1.0000

续表

年份	人均耕地面积	人均公共绿地面积	人均公园绿地面积	建成区绿化覆盖率	森林覆盖率
2002	0.9404	0.9159	0.2442	0.5859	1.0000
2003	0.9127	1.0000	0.6412	0.6744	1.0000
2004	0.9201	0.9920	0.7173	0.7468	0.7038
2005	0.9278	0.8579	0.7363	0.8123	0.7300
2006	0.9270	0.7638	0.7446	0.8777	0.7625
2007	0.9307	0.7635	0.7801	0.8950	0.7877
2008	0.9298	0.7645	0.8145	0.9238	0.7756
2009	0.9345	0.8501	0.8844	0.9526	0.8668
2010	0.9501	0.8253	0.9497	0.9913	0.8771
2011	0.9508	0.9193	1.0000	1.0000	0.8841

表 5.11　四川省经济系统原始数据无量纲化的结果

年份	地区生产总值	人均地区生产总值	工业化率	第二和第三产业产值比重	固定资产投资额
2000	0.1868	0.1896	0.6511	0.8848	0.0928
2001	0.2042	0.2057	0.6466	0.8989	0.1041
2002	0.2247	0.2254	0.6436	0.9069	0.1194
2003	0.2536	0.2534	0.6665	0.9187	0.1427
2004	0.3034	0.3021	0.6993	0.9133	0.1751
2005	0.3512	0.3467	0.7581	0.9316	0.2299
2006	0.4133	0.4061	0.8017	0.9514	0.2990
2007	0.5023	0.4960	0.8225	0.9412	0.3872
2008	0.5993	0.5929	0.8713	0.9604	0.5027
2009	0.6730	0.6635	0.8889	0.9808	0.7946
2010	0.8173	0.8105	0.9580	0.9970	0.8980
2011	1.0000	1.0000	1.0000	1.0000	1.0000

表 5.12　四川省社会系统原始数据无量纲化的结果

年份	农村居民纯人均收入和城镇居民人均可支配收入的比值	农村居民人均消费和城镇居民人均消费的比值	城镇职工养老保险征缴率	千人拥有床位数	千人拥有医生数	中小学教师学生比值
2000	0.9432	0.8042	0.9469	0.5946	0.7225	0.8214
2001	0.9124	0.7584	0.9592	0.5946	0.7225	0.8075

续表

年份	农村居民纯人均收入和城镇居民人均可支配收入的比值	农村居民人均消费和城镇居民人均消费的比值	城镇职工养老保险征缴率	千人拥有床位数	千人拥有医生数	中小学教师学生比值
2002	0.9312	0.7707	0.9684	0.5970	0.7512	0.8088
2003	0.9249	0.7953	0.9663	0.5949	0.7369	0.8146
2004	0.9774	0.8274	0.9684	0.6022	0.7221	0.8179
2005	0.9761	0.8651	0.9878	0.6097	0.7245	0.8437
2006	0.9378	0.8344	0.9918	0.6255	0.7494	0.8370
2007	0.9333	0.8286	1.0000	0.6571	0.7678	0.8573
2008	0.9528	0.8472	0.9977	0.7407	0.7972	0.9029
2009	0.9416	1.0000	0.9796	0.8288	0.8642	0.9391
2010	0.9609	0.8441	0.9990	0.9070	0.9220	0.9764
2011	1.0000	0.8949	0.9990	1.0000	1.0000	1.0000

3. 指标权重的确定

根据公式(5.3)～公式(5.6)，并利用 MATLAB 软件求得人口、资源环境、经济、社会系统指标因子的权重，如表 5.13 所示。

表 5.13　四川省人口、资源环境、经济、社会系统复合指标权重

子系统层	指标层(指标因子)	权重
人口(4个)	城镇化率	0.2488
	人口密度	0.2506
	就业人口占总人口的比例	0.2506
	第二和第三产业就业人员比重	0.2500
资源环境(5个)	人均耕地面积	0.2044
	人均公共绿地面积	0.2038
	人均公园绿地面积	0.1876
	建成区绿化覆盖率	0.2009
	森林覆盖率	0.2033
经济(5个)	地区生产总值	0.1966
	人均地区生产总值	0.1968
	工业化率	0.2157
	第二和第三产业产值比重	0.2173
	固定资产投资额	0.1736

子系统层	指标层(指标因子)	权重
社会(6个)	农村居民纯人均收入和城镇居民人均可支配收入的比值	0.1672
	农村居民人均消费和城镇居民人均消费的比值	0.1669
	城镇职工养老保险征缴率	0.1672
	千人拥有床位数	0.1652
	千人拥有医生数	0.1666
	中小学教师学生比值	0.1669

4. 各子系统综合发展水平计算

根据公式(5.7)并利用 MATLAB 软件计算各子系统的发展水平,如表 5.14 所示。

表 5.14 四川省人口、资源环境、经济、社会复合系统综合发展水平

年份	人口系统	资源环境系统	经济系统	社会系统
2000	0.8389	0.7079	0.4229	0.8059
2001	0.8471	0.7078	0.4335	0.7929
2002	0.8606	0.7457	0.4451	0.8050
2003	0.8726	0.8494	0.4679	0.8059
2004	0.8906	0.8179	0.4988	0.8197
2005	0.9046	0.8142	0.5431	0.8350
2006	0.9053	0.8162	0.5927	0.8298
2007	0.9146	0.8321	0.6455	0.8411
2008	0.9313	0.8419	0.7184	0.8734
2009	0.9437	0.8978	0.8057	0.9258
2010	0.9552	0.9180	0.8994	0.9350
2011	0.9683	0.9499	1.0000	0.9823

从图 5.6 中可以看出四川省人口、资源环境、经济、社会各个系统的发展水平不平衡,但总体上呈现出上升趋势,四个系统由先前的发展水平不平衡状态向平衡状态发展,且差距较小。人口系统的综合发展水平 2000~2011 年没有大的波动,呈现出平缓的上升趋势,这是四川省政府长期以来严格实施计划生育政策的显著效果。资源环境系统 2000~2003 年快速增长后缓慢下降,到 2005 年后再一直平缓上升,说明四川省在发展经济的同时,合理分配和利用各种自然资源,注重生态效益。经济系统相对其他三个系统而言,协调发展水平的起点较低,并按时间序列呈现明显的上升趋势,快速增长,并于 2011 年超过其他三个系统的

协调水平。社会系统在 2005 年以前基本上为水平线，2005 年后增长相对较快。

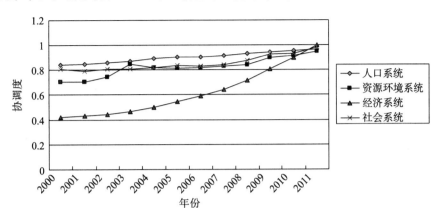

图 5.6　四川省人口、资源环境、经济、社会系统发展水平

5. 系统协调度的计算

根据公式(5.8)～公式(5.10)，并借助 MATLAB 软件计算得到人口、资源环境、经济、社会系统协调度，如表 5.15 和图 5.7 所示。

表 5.15　四川省人口、资源环境、经济、社会复合系统协调度

年份/年	2000	2001	2002	2003	2004	2005
协调度	0.4837	0.5038	0.5167	0.5388	0.5917	0.6571
协调等级	濒临失调	勉强协调	勉强协调	勉强协调	勉强协调	初级协调
年份/年	2006	2007	2008	2009	2010	2011
协调度	0.7287	0.7889	0.8539	0.9178	0.9589	0.9847
协调等级	中级协调	中级协调	良好协调	优质协调	优质协调	优质协调

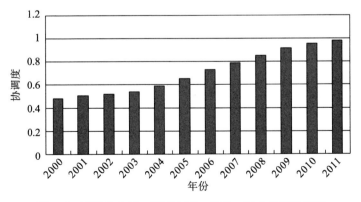

图 5.7　四川省人口、资源环境、经济、社会系统协调度

从表 5.15 和图 5.6 可以看出，四川省人口、资源环境、经济、社会系统的协调度总体呈现上升趋势：2000 年为濒临失调状态；2001～2004 年协调发展水平略有好转，为勉强协调；2005～2007 年再次上升，发展为中级协调；2008 年为良好协调；2009～2011 年为优质协调。从 2000 年的濒临失调状态发展到 2011 年的优质协调状态，协调发展水平增长迅速且增长趋势处于稳定状态，并在 2011 年达到历年来的最高值 0.9847。

5.5.2.2　可持续发展截面分析过程

根据已经确立的指标体系，选取部分主要指标，以 2012 年《四川省统计年鉴》为主要数据来源收集和整理的数据，并运用 SPSS16.0 软件进行主成分分析，具体数据及运行结果如表 5.16 和表 5.17 所示。

表 5.16　主成分分析指标体系

指标类型	具体指标	指标代码
人口	城镇化率/%	X_1
	人口密度/(人/平方千米)	X_2
	就业人口占总人口的比例/%	X_3
	第二和第三产业就业人员比重/%	X_4
资源	人均耕地面积/(平方米/人)	X_5
	单位 GDP 能耗/(万元/吨标准煤)	X_6
环境	归一化植被指数(NDVI)/%	X_7
	建成区绿化覆盖率/%	X_8
	污水处理率/%	X_9
经济	地区生产总值/亿元	X_{10}
	人均地区生产总值/元	X_{11}
	工业化率/%	X_{12}
	第二和第三产业产值比重/%	X_{13}
	固定资产投资额/亿元	X_{14}
	规模以上工业企业总资产贡献率/%	X_{15}
社会	农村居民纯人均收入和城镇居民人均可支配收入的比值	X_{16}
	农村居民人均消费和城镇居民人均消费的比值	X_{17}
	千人拥有床位数/个	X_{18}
	千人拥有医生数/人	X_{19}

表 5.17　主成分分析各指标原始数据

指标 市/州	X₁	X₂	X₃	X₄	X₅	X₆	X₇	X₈	X₉	X₁₀	X₁₁	X₁₂	X₁₃	X₁₄	X₁₅	X₁₆	X₁₇	X₁₈	X₁₉
成都市	67.00	1173	67.42	81.57	711.39	1.2412	0.40	39.15	90.02	6950.58	49438	37.56	0.95	4995.65	16.00	0.43	0.42	686	868
自贡市	42.69	671	58.07	61.55	620.25	0.7985	0.53	38.50	89.80	780.36	29102	54.11	0.87	352.84	20.95	0.41	0.40	359	387
攀枝花市	61.64	174	63.06	68.97	787.04	0.4200	0.31	38.16	24.17	645.66	53054	71.51	0.96	383.44	7.27	0.39	0.40	714	787
泸州市	39.92	352	47.92	52.99	513.25	0.7100	0.57	40.26	80.08	900.87	21339	56.63	0.85	524.36	34.77	0.36	0.35	304	295
德阳市	42.99	599	54.20	58.55	653.53	0.7862	0.36	39.80	87.12	1137.45	31562	55.60	0.84	650.06	11.31	0.40	0.39	403	413
绵阳市	41.84	231	52.82	59.89	716.29	0.7146	0.56	38.30	89.16	1189.11	25755	44.68	0.83	880.90	13.85	0.40	0.39	409	409
广元市	34.66	156	54.17	47.89	695.03	0.8076	0.63	37.81	77.60	403.54	16225	38.61	0.79	498.24	14.70	0.33	0.37	398	375
遂宁市	39.95	652	42.07	58.08	523.24	0.7937	0.44	41.62	83.15	603.36	18528	44.03	0.77	536.38	35.78	0.41	0.31	300	314
内江市	40.23	742	40.64	65.09	493.16	0.5074	0.50	38.05	81.00	854.68	23062	58.18	0.84	382.82	33.72	0.40	0.36	323	313
乐山市	41.20	249	53.07	50.77	615.84	0.4648	0.60	36.69	63.77	918.06	28339	58.20	0.88	539.32	13.19	0.38	0.36	417	418
南充市	37.55	524	35.73	55.96	514.10	0.8720	0.50	38.63	67.67	1029.48	16388	42.03	0.77	713.60	21.69	0.39	0.38	289	273
眉山市	35.77	423	55.20	48.07	665.16	0.5796	0.49	35.56	74.49	673.34	22791	50.43	0.82	450.35	25.40	0.42	0.38	298	307
宜宾市	39.35	343	58.07	51.08	553.22	0.7568	0.56	39.10	64.21	1091.18	24433	57.12	0.85	607.25	21.72	0.38	0.33	332	301
广安市	30.93	535	45.06	44.31	451.95	0.4651	0.56	44.26	93.94	659.90	20572	40.17	0.81	425.08	21.59	0.38	0.37	210	200
达州市	34.31	343	44.73	46.56	541.91	0.4622	0.63	29.91	55.07	1011.83	18474	47.54	0.77	676.84	14.52	0.42	0.37	245	244
雅安市	36.56	101	61.96	55.48	476.28	0.8944	0.63	41.00	77.43	350.13	23153	49.97	0.84	340.97	10.65	0.36	0.42	515	436
巴中市	31.26	275	44.12	42.44	476.81	0.9278	0.63	28.89	76.01	343.39	10438	25.61	0.75	320.22	28.74	0.32	0.38	253	254
资阳市	34.45	454	40.50	47.95	640.90	0.9797	0.44	38.32	87.05	836.44	22931	50.24	0.78	462.78	32.99	0.38	0.31	299	273
阿坝州	31.65	11	59.92	42.27	842.11	0.8711	0.42	28.89	24.17	168.48	18710	35.07	0.83	380.22	8.73	0.25	0.27	363	401
甘孜州	22.39	7	61.23	29.15	972.98	0.9930	0.26	28.89	24.17	152.22	13889	24.45	0.75	257.43	10.24	0.21	0.23	301	430
凉山州	28.16	76	59.84	32.67	823.05	0.8954	0.41	28.89	24.17	1000.13	22044	41.18	0.81	731.64	22.29	0.32	0.30	275	272

数据来源:《四川省统计年鉴》2012 年

将原始数据运用 SPSS16.0 进行主成分分析后，得出 KMO 检验及 Bartlett's 球形检验结果。由表 5.18 可知，KMO 检验的统计量等于 0.615，检验统计量大于 0.5，说明取样充足，原始变量有相关性；Bartlett's 球形检验的 P 值等于 0，小于显著水平 0.05，通过检验，也说明原始变量之间有较强的相关性，表明所选结果适合进行主成分分析。

表 5.18　KMO 检验与 Bartlett's 球形检验表

KMO 检验值		0.615
	卡方	502.859
Bartlett's 球形检验	df	171
	Sig.	0.000

表 5.19 是 19 个原始变量的变量共同度，是表示原始变量对提取出的公因子的依赖程度。从表 5.19 来看，大部分指标都在 80% 甚至 90% 以上，说明选取的因子包含了原始变量的大部分信息，因子提取效果也较为理想。

表 5.19　变量共同度

指标	初始值	提取值
X_1	1	0.955
X_2	1	0.918
X_3	1	0.809
X_4	1	0.908
X_5	1	0.87
X_6	1	0.868
X_7	1	0.903
X_8	1	0.908
X_9	1	0.907
X_{10}	1	0.956
X_{11}	1	0.969
X_{12}	1	0.899
X_{13}	1	0.89
X_{14}	1	0.959
X_{15}	1	0.79
X_{16}	1	0.888
X_{17}	1	0.882
X_{18}	1	0.935
X_{19}	1	0.947

表 5.20 给出了主成分分析各阶段的特征根及方差贡献率,共有 5 个因子的特征根大于 1,故提取相应的 5 个公因子。同时可以看出,前 5 个因子已经可以解释原始变量的 90.309% 的方差,已经包含了大部分的信息。

表 5.20 总方差解释

因子	初始特征值			提取载荷平方和			旋转后因子载荷量		
	总计	方差贡献率/%	累计方差贡献率/%	总计	方差贡献率/%	累计方差贡献率/%	总计	方差贡献率/%	累计方差贡献率/%
1	7.835	41.238	41.238	7.835	41.238	41.238	4.985	26.238	26.238
2	4.892	25.748	66.986	4.892	25.748	66.986	4.702	24.75	50.987
3	2.505	13.187	80.173	2.505	13.187	80.173	2.685	14.13	65.117
4	1.245	6.55	86.723	1.245	6.55	86.723	2.508	13.199	78.317
5	0.681	3.586	90.309	0.681	3.586	90.309	2.279	11.992	90.309
6	0.452	2.376	92.685						
7	0.41	2.158	94.844						
8	0.278	1.463	96.307						
9	0.183	0.965	97.272						
10	0.168	0.882	98.154						
11	0.128	0.675	98.829						
12	0.089	0.467	99.295						
13	0.051	0.271	99.566						
14	0.036	0.187	99.753						
15	0.021	0.111	99.864						
16	0.016	0.084	99.948						
17	0.006	0.03	99.978						
18	0.004	0.019	99.997						
19	0.001	0.003	100						

表 5.21 为旋转后的因子载荷阵,从表中可以看出,经过旋转后的载荷系数已经明显分化了。

图 5.8 为因子碎石图,从图中可以看出,第 5 个因子以前的折线比较陡峭,之后的折线则较为平缓,这进一步说明提取的前 5 个因子是较为适当的。

表 5.21　旋转后因子载荷矩阵

具体指标	因子				
	1(F_1)	2(F_2)	3(F_3)	4(F_4)	5(F_5)
地区生产总值	0.918	0.256	−0.215	0.033	0.017
固定资产投资额	0.886	0.289	−0.301	−0.005	0.014
人口密度	0.835	−0.244	0.046	0.397	0.037
城镇化率	0.709	0.5	0.348	0.284	−0.013
第二和第三产业就业人员比重	0.684	0.312	0.313	0.481	0.115
农村居民纯人均收入和城镇居民人均可支配收入的比值	0.57	−0.134	0.519	0.377	0.366
就业人口占总人口的比例	0.059	0.853	−0.149	−0.148	−0.183
千人拥有床位数	0.393	0.846	0.146	0.19	−0.086
规模以上工业企业总资产贡献率	0.179	−0.819	0.046	0.286	−0.055
千人拥有医生数	0.504	0.795	0.043	0.065	−0.234
第二和第三产业产值比重	0.452	0.679	0.43	0.187	−0.066
人均地区生产总值	0.563	0.641	0.412	0.182	−0.195
工业化率	0.044	0.18	0.865	0.342	−0.014
单位 GDP 能耗	0.278	0.106	−0.848	0.091	−0.227
建成区绿化覆盖率	0.168	0.021	0.236	0.894	0.154
污水处理率	0.326	−0.307	−0.092	0.684	0.48
归一化植被指数(NDVI)	−0.157	−0.218	0.022	0.051	0.91
农村居民人均消费和城镇居民人均消费的比值	0.392	0.301	0.279	0.338	0.667
人均耕地面积	−0.087	0.484	−0.211	−0.417	−0.64

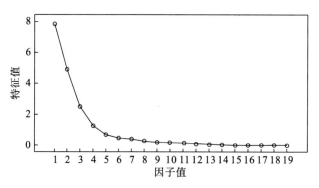

图 5.8　因子碎石图

　　第一个公因子 F_1 在地区生产总值、固定资产投资额、人口密度、城镇化率、第二和第三产业就业人员比重、农村居民纯人均收入和城镇居民人均可支配收入的比值、单位 GDP 能耗几个指标上有较大载荷，说明这几个指标有较强的相关性，归为一类，可以解释为经济综合发展因子。

第二个公因子 F_2 在就业人口占总人口的比例、千人拥有床位数、千人拥有医生数、第二和第三产业产值比重、人均地区生产总值、人均耕地面积方面有较大载荷，可以解释为资源因子。

第三个公因子 F_3 在工业化率有较大载荷，可以解释为产业水平因子。

第四个公因子 F_4 在规模以上工业企业总资产贡献率、建成区绿化覆盖率、污水处理率方面有较大载荷，可以解释为环境因子。

第五个公因子 F_5 在归一化植被指数（NDVI）、农村居民人均消费和城镇居民人均消费的比值方面有较大载荷，可以解释为生活因子。

各因子含义解释见表 5.22：

表 5.22　因子含义解释表

主因子	因子编号	因子含义
1	F_1	经济综合发展因子
2	F_2	资源因子
3	F_3	产业水平因子
4	F_4	环境因子
5	F_5	生活因子

表 5.23 为因子得分系数矩阵，可以写出各个主成分的表达式，各主成分的贡献率为权重，确定综合得分的函数

$$F = 0.2624F_1 + 0.2475F_2 + 0.1413F_3 + 0.1320F_4 + 0.1199F_5 \quad (5.16)$$

表 5.23　因子得分系数矩阵

具体指标	因子				
	1(F_1)	2(F_2)	3(F_3)	4(F_4)	5(F_5)
城镇化率	0.128	0.028	0.106	−0.03	−0.025
人口密度	0.26	−0.198	0.022	−0.011	−0.111
就业人口占总人口的比例	−0.112	0.265	−0.135	0.07	0.059
第二和第三产业就业人员比重	0.073	0.023	0.038	0.124	−0.02
人均耕地面积	0	0.057	−0.013	−0.061	−0.222
单位 GDP 能耗	−0.036	0.083	−0.455	0.33	−0.094
归一化植被指数（NDVI）	−0.029	0.096	−0.055	−0.174	0.547
建成区绿化覆盖率	−0.271	0.114	−0.156	0.716	−0.151
污水处理率	−0.078	0.022	−0.223	0.402	0.096
地区生产总值	0.312	−0.062	−0.062	−0.237	0.069
人均地区生产总值	0.081	0.056	0.149	−0.02	−0.103

具体指标	因子				
	$1(F_1)$	$2(F_2)$	$3(F_3)$	$4(F_4)$	$5(F_5)$
工业化率	−0.063	−0.011	0.337	0.081	−0.134
第二和第三产业产值比重	0.025	0.111	0.13	−0.003	−0.016
固定资产投资额	0.297	−0.038	−0.104	−0.228	0.088
规模以上工业企业总资产贡献率	0.138	−0.3	0.073	0.075	−0.237
农村居民纯人均收入和城镇居民人均可支配收入的比值	0.186	−0.124	0.216	−0.145	0.09
农村居民人均消费和城镇居民人均消费的比值	0.01	0.144	−0.004	−0.04	0.378
千人拥有床位数	−0.069	0.221	−0.053	0.149	0.014
千人拥有医生数	0.028	0.151	−0.038	0.042	−0.048

将四川省 21 个市/州的指标值代入公式(5.16)，即可计算出四川省 21 个市/州可持续发展实验区协调度，即为综合得分，其结果见表 5.24。

表 5.24 各主成分得分及综合得分

市/州	经济 (F_1)	人口 (F_2)	产业水平 (F_3)	环境 (F_4)	生活 (F_5)	综合得分 (协调度)	排名
成都市	3.7833	1.3729	−1.4268	0.0431	−0.0650	1.1287	1
攀枝花市	−0.0353	2.2056	2.5286	−0.0541	−1.2299	0.7393	1
雅安市	−1.2389	1.5813	−0.7611	1.3023	1.5486	0.3164	2
自贡市	0.1234	0.2296	0.2465	0.7916	0.2797	0.2621	2
乐山市	−0.2466	0.5411	1.1214	−0.5924	0.7141	0.2351	2
绵阳市	−0.1229	0.6070	−0.1677	0.2806	0.7746	0.2242	2
德阳市	0.0387	0.3828	0.2090	1.0114	−0.4982	0.2082	2
宜宾市	−0.2555	0.0232	0.3131	0.2929	0.0559	0.0283	2
内江市	0.6134	−1.2949	1.3073	0.2590	−0.3180	0.0212	2
眉山市	0.0963	−0.4465	0.6772	−0.4183	0.1429	−0.0277	3
泸州市	−0.1519	−0.6493	0.3904	0.7655	−0.0592	−0.0515	3
广元市	−0.9169	0.6683	−1.0014	0.3465	0.9892	−0.0523	3
达州市	0.4533	−0.7970	1.0181	−2.3226	1.5084	−0.0601	3
广安市	−0.4597	−0.7701	0.0587	0.8196	0.7091	−0.1097	3
南充市	0.2764	−0.9564	−0.2609	0.2185	0.2664	−0.1403	3
遂宁市	0.2886	−1.4607	−0.0511	1.2314	−1.0328	−0.2544	3
资阳市	0.0255	−1.2130	−0.3296	0.9926	−1.1596	−0.3482	4
巴中市	−0.0789	−0.8482	−1.1972	−0.9798	1.3840	−0.3631	4

市/州	经济 (F_1)	人口 (F_2)	产业水平 (F_3)	环境 (F_4)	生活 (F_5)	综合得分 （协调度）	排名
阿坝州	−0.8523	0.7129	−0.6980	−1.2959	−0.9073	−0.4257	4
凉山州	−0.1523	−0.2296	−0.2508	−1.7384	−0.9481	−0.4754	4
甘孜州	−1.1874	0.3411	−1.7255	−0.9536	−2.1549	−0.8552	4

依据表 5.24 各主成分得分及综合得分，可以把四川省 21 个市/州可持续发展实验区协调度分为四类（图 5.9）：

第一类的综合得分大于 0.3，有成都市、攀枝花市和雅安市。

第二类的综合得分在 0～0.3，分别有自贡市、乐山市、绵阳市、德阳市、宜宾市、内江市。

第三类的综合得分在 −0.3～0，分别有眉山市、泸州市、广元市、达州市、广安市、南充市、遂宁市。

第四类的综合得分小于 −0.3，分别有资阳市、巴中市、阿坝州、凉山州、甘孜州。

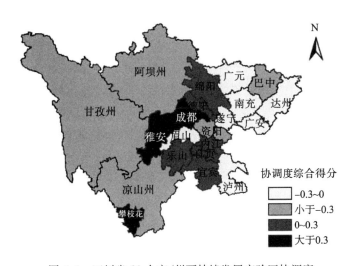

图 5.9　四川省 21 个市/州可持续发展实验区协调度

5.5.3　四川省可持续发展实验区协调度分析结果

自 2000 年以来，四川省的人口、资源环境、经济、社会系统综合发展水平逐渐好转，可持续发展水平逐渐提高，其协调度等级从失调—勉强协调—初级协调—中级协调—优质协调发展，发展势头良好。但是将四川省 21 个市/州进行比较，可以看出各个市/州可持续发展协调性差异较大，发展水平不均衡。

第一类，可持续发展水平协调性强的城市：成都市、攀枝花市、雅安市。此类城市的可持续发展水平较高，各系统间相互组合和优化，使可持续发展水平协调性更加趋于合理和完善。

成都市是西南地区唯一的副省级城市，是西南地区重要的商贸、金融、科技中心及交通和通信枢纽，是一座综合性、多功能的内陆特大开放城市。成都市位于成都平原的中心地带，土地面积为1.24万平方千米，地势平坦，气候宜人，物产丰富，自古享有"天府之国"的美誉。成都由于其独特的经济、政治地位，无论是在人口方面还是资源环境与经济方面，其发展在四川省范围独树一帜，发展较为迅速，其协调性处于领先水平。

攀枝花市是四川省年轻的新兴工业移民城市，拥有较为完善的基础设施和工业基地，是我国西部地区重要的钢铁、钒钛、能源基地，属于典型的资源型城市。可以看出攀枝花市在人口、产业水平方面得分较高，分别为2.2056和2.5286，也验证了人均GDP位居西南地区排名第一的称号，其发展虽赶不上成都，但其发展的协调性领先于其他城市，但是其在环境、生活和经济综合发展还需更加努力和完善。

雅安市是历史文化名城，也是旅游之城。它是世界茶文化的源头，也是国宝熊猫的故乡，并且拥有丰富的自然景观和生态资源，因而其在环境、生活方面得分较高，分别为1.3023和1.5486。由于其人口较少，只有151.71万人，其人均资源相对较多，因而其在资源方面得分较多，为1.5813。雅安市在资源、环境、生活方面的良好发展，使得其持续发展水平的协调性较强，但是其经济综合的发展和产业水平还需提高。

第二类，可持续发展水平协调性较强的城市：自贡市、乐山市、绵阳市、德阳市、宜宾市、内江市。此类城市在人口、资源、环境、经济、社会等方面整体发展较为良好，个别因素会影响到整体的协调性，但破坏其整体协调性的影响面较小。

自贡市素有"千年盐都""恐龙之乡"之称，是川南区域中心城市之一。自贡市从清朝以来就是我国的井盐生产中心，是四川省最早的工业重镇之一。工业带动了当地经济发展，因而自贡市的经济发展较好，其经济综合发展和产业水平得分分别为0.1234和0.2465。同时，作为世界地质公园和旅游城市，自贡市注重生态环境的保护，其在资源、环境、生活方面的得分分别为0.2296、0.7916、0.2797，自贡市各方面均衡发展使得其持续发展水平协调性较强。

乐山市是历史文化名城、中国优秀旅游城市，其辖区的旅游景点乐山大佛和峨眉山风景区自然环境优美，闻名遐迩。这二个景点的规划和发展再加上老工业基地，使得其在资源、产业水平、生活方面得分较高，分别为0.5411、1.1214、0.7141，大大地提高了乐山市的可持续发展水平协调性。乐山市五通区就是其中的典型，但是其经济综合发展和环境方面还有改善的空间。

绵阳市是四川省第二大城市，是国务院批准建设的中国唯一科技城，是成渝经济区西北部的中心城市，其科技人才较多，在资源和生活方面得分较高，分别为 0.6070 和 0.7746。绵阳市以航空和电子工业技术为龙头带动了全市科技、经济、教育等的快速发展，虽然其经济和产业水平得分较低，只能说明这两方面的发展水平在实验区可持续发展协调性方面贡献率较低。总体而言，其合理的城市规划和发展使得其可持续发展水平的协调性较好。

德阳市素有"天府粮仓"之称，是较好的农业生产基地，同时其发达的工业，尤其是中国第二重型机械集团公司、东方电气集团东方电机有限公司和东方电气集团东方汽轮机有限公司的发展，带动当地经济、教育、资源、环境等各方面的良好发展，因而其在经济综合发展、资源、产业水平和环境上的得分较高，分别为 0.0387、0.3828、0.2090、1.0114，因而其可持续发展水平协调性较好。

宜宾市是"万里长江第一城"，被称为"酒都"，世界闻名的五粮液即产自这里。独特的地理位置、优美的自然环境、一定规模的工业，使得宜宾市在资源、产业水平、环境、生活方面的得分较高，分别为 0.0232、0.3131、0.2929、0.0559，其可持续发展水平的协调性较好。

内江市素有"川中枢纽，川南咽喉"之称，主要发展轻工业，属于农业市，注重环境、经济、社会的协调发展，其在经济综合发展、产业水平、环境方面得分较高，分别为 0.6134、1.3073、0.2590。

第三类，可持续发展水平协调性较弱的城市：眉山市、泸州市、广元市、达州市、广安市、南充市、遂宁市。此类城市在人口、资源、环境、经济、社会等方面整体发展较为一般或只在某方面发展较为突出，因其他相关因素或系统较为落后，无法达到相应的水平，因而其整体可持续发展水平协调性较弱。

眉山市现在是"成都平原经济圈"的重要组成部分，但其早期的资源、经济、社会等的发展水平较低，协调性较弱，各方面的发展有待今后更加完善，尤其是在人口、环境方面，其得分分别为 -0.4465 和 -0.4183。2012 年 4 月 11 日，眉山市丹棱县被批准为四川省可持续发展实验区，其良好的发展模式和经验将是带动眉山市全面实施可持续发展战略的开端。

泸州市各类资源较为丰富，水系较为发达，已形成以长江、沱江、赤水河等为"一横二纵五港区"的水运体系，泸州市注意各类资源的保护和合理的开发，其环境得分较高，为 0.7655。其工业较为发达，经济发展较为迅速，产业水平得分为 0.3904。泸州市同宜宾市一样，为"白酒金三角"之一，盛产泸州老窖和郎酒，但是其经济、资源、生活方面对整个可持续发展的贡献度相对薄弱，其可持续发展水平协调性较弱。

广元市、达州市、广安市三个城市可持续发展水平相当，并且水平都较低。他们在资源、环境、社会、经济等各方面发展差不多，不存在太好，也不存在太差，且各个系统没有发挥出较好的"协同"作用。三个城市应在重点发展经济的同时，带动其他方面的协调发展。

南充市是成渝经济区北部的中心城市，其经济发展水平相对较高，经济综合发展得分是第三类城市中的最高值，为 0.2764，同时也在一定程度上验证了"川北心脏"的称号。其在环境与生活方面的得分相对次之，分别为 0.2185 和 0.2664，在资源方面和产业水平方面还需提高。

遂宁市拥有丰富的自然资源，水系较为发展，素有"小成都"之称。由于其地理位置偏远，交通不便，自然条件恶劣，因此限制了其在经济方面的发展，产业水平发展不高，得分为 -0.0511，其可持续发展水平的协调性较弱。

第四类，可持续发展水平协调性弱的城市：资阳市、巴中市、阿坝州、凉山州、甘孜州。此类城市现阶段的可持续发展水平较低，经济发展较为落后，区域内部各系统间发展尤为不平衡。

5.6 基于协调度的四川省可持续发展实验区研究

5.6.1 四川省可持续发展实验区建设的运行机制

经过多年的探索与实践，实验区形成了"政府主导、部门联动、专家指导、公众参与、科技引导、互动交流、国际合作"的运行机制。在政府的推动下，积极发挥各个部门、社会各方的积极性和主动性，使可持续发展的实验内容扩展到各个领域。

1. 政府主导

可持续发展是国家战略行动，也是区域发展的内在需求。其重点发展的领域是人口、资源、环境，涉及保障和改善民生，政府主导对区域可持续发展的推进及实验区建设起到了至关重要的作用，没有任何机构和部门可以替代。

案例：四川省于 1995 年 6 月成立了"可持续发展综合实验区协调领导小组"，并随着国家可持续发展实验区的改革，于 1998 年更名为"可持续发展试点工作领导小组"。领导小组下设管理办公室，负责指导、协调、管理和服务，形成了"党委、政府总体抓，管理办公室协调抓，科技部门突出抓，相关部门联合抓"的领导机制。各市/州在建设和发展实验区的同时，也成立了由市政府主要领导为组长的实验区领导小组，并编制了相应的规划和管理办法，如《兴文县省级可持续发展实验区建设规划》《四川省丹棱县国家可持续发展实验区规划(2011—2015)》等。

2. 部门联动

部门联动包括地方、实验区内各部门的联动。在地方层面，四川省充分发挥地方党委、政府的领导作用，把可持续发展与地方所要解决的问题相衔接，省、市、县科学技术委员会承上启下，指导和协调实验区办公室工作。自上而下主要借助分区布点、分类指导、审批验收等手段来贯彻国家可持续发展战略的原则要求。自下而上主要借助规划申报、项目拟定、模式总结等手段来体现实验区切合实际的探索和创新。实验区内各部门之间加强协作和配合，共同选定和规划实验区，定期召开实验区工作会议，听取实验区工作汇报，商议推动实验区工作的建议和措施。

案例：广汉市在创建实验区时，成立了由市长挂帅，市政府办公室、市住房和城乡建设委员会、爱国卫生运动委员会办公室、工商行政管理局、公安局、卫生局等部门参与的城市管理委员会，对市容环境卫生进行综合、全面的指导和管理。

3. 专家指导

专家包括省专家委员会和地方层面的指导专家。专家委员会及其活动由主任委员（或副主任委员）组织领导，主要职责是从总体上把握四川省实验区的建设情况，指导和开展区域实验区的管理工作。地方层面的指导专家由四川省科技管理部门统筹组织，依托地方相关科研院所、大专院校及相关机构，指导实验区工作。专家指导是实验区长期坚持的有效机制，既可为国家可持续发展战略提供科学基础，又为地方的可持续发展提供理论指导。

4. 公众参与

实验区的协调发展涉及资源、环境、经济、社会的各个方面，可持续发展归根结底是人的发展，需要公众的广泛参与。可以说，公众需要是实验区工作的起点，公众满意是实验区工作的终点。公众参与的过程本身就是可持续发展思想和理念传播的过程。

案例：成都市金牛区实验区农村改水总投资2184万元，农民自愿集资达540万元，在该区获得"联合国人居奖"的府南河综合整治项目中，该区各拆迁单位、拆迁户和社区居民自觉参加义务劳动，为项目捐款达200多万元。

5. 科技引导

将科教兴国战略和可持续发展战略紧密结合，用先进适用的配套技术和科技示范项目去解决制约各地区可持续发展中的主要、疑难问题。根据不同区域经济、社会发展对科技的不同需求，实验区选择科技支撑的重点领域，大力提倡关键领域的自主创新，推进高新技术产业化，形成对区域经济强有力的带动作用。

案例：五通桥区政府结合实际，针对工业发展中存在的诸多问题，着力加强企业、技术创新、结构调整、资源整合，大力推进"减量化、再利用、再循环"的循环经济技术，促使工业发展走上新型工业化道路。

6. 互动交流和国际合作

实验区之所以称为实验区，是因为其处于探索阶段，目前还没有一个固定模式可以将之完全定义。其发展既是地方性问题，也是区域性问题，同时也是全球性问题。广泛的互动交流与国际合作给实验区政府带来了先进经验和管理理念，同时也可引进资金和先进技术。

案例：广汉市可持续发展示范村建设，由亚太经济合作组织（APEC）可持续发展社区能源项目组设计，美国能源部赞助。示范村的设计在 APEC 框架下，最大限度地开发、利用当地资源，并且尽可能地减少对环境的破坏；同时兼顾土地的利用和基础设施的建设，如水、能源、通信、交通等。

5.6.2　四川省可持续发展实验区发展模式实践

1. 动态序列模式实践

广汉市位于成都平原东北侧，距成都市 38 千米，是川西平原的腹心，属于都江堰自流灌溉区。广汉实验区从建立初期的探索到中期的改革不断深入，到现在的不断完善，其形成和发展与四川省整个实验区的发展息息相关，也在一定程度上反映了整个四川省实验区的发展过程。

1987 年，广汉市被国务院批准为农村改革试验区，1993 年 7 月被批准为实验区，并建立了"广汉市国家社会发展综合实验区"，这是西部地区第一个国家级实验区。经过不断地探索和实践，广汉市于 1994 年被国家经济体制改革委员会确定为全国县级农村综合改革试点市，并于 1997 年 7 月通过国家科学技术委员会阶段性验收，于 1997 年 12 月正式更名为"可持续发展实验区"，并于 2003 年 1 月通过科学技术部组织的验收评审。

广汉市是我国农村改革的发源地之一。从 1987 年起，先后被国务院确定为全国农村改革试验区、国家级社会发展综合实验区、全国县级综合改革试点市。广汉市的经济在这一系列的改革中得到了迅速发展，其产业结构趋于合理。2001 年与 1993 年相比，广汉市国内生产总值从 13.02 亿元增加到 50.85 亿元，增长了 286.68％，第一、第二、第三产业的比重由 39：40：21 调整到 18.80：43.60：37.60，结构趋于合理。

然而，经济发展和改革深化的过程中，广汉市社会的发展明显滞后于经济发展。因此，广汉市提出了"城市化管理系统化、公益事业企业化、科技引导资源化"的改革思路，把依靠科技实现可持续发展同经济体制与社会事业管理体制的综合配套改革有机结合起来，着重从城市综合管理体系的建立，公益事业企业化和城镇垃圾减量化（图 5.10）、无害化、资源化、产业化进行探索和实践，取得了良好的效果，并逐渐明确了政府和民营企业的职责、权利和义务，为社会发展事业的新机制建设做出了贡献，值得借鉴。

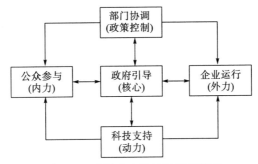

图 5.10　广汉市生活垃圾管理模式

2. 截面模式实践

金牛区位于成都市城区西北部，是城乡一体的新型城区（图 5.11），并于 1993 年 3 月和 1994 年 7 月分别被四川省和国家批准为实验区。

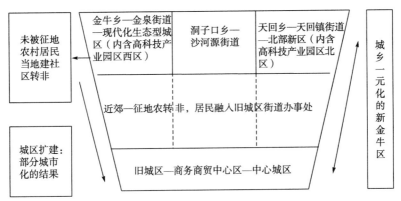

图 5.11　金牛区城乡一体化空间过渡与模式

金牛区按照农民生产生活方式与中心城全面接轨、农村建设管理与中心城市全面接轨、农民组织管理和社会保障与中心城市全面接轨"三个全面接轨"的总体思路，统筹推进农民新居建设，解决集中居住问题；统筹推动工业集中发展，解决产业支撑问题；统筹壮大农村集体经济，解决农民增收问题；统筹破解农村拆迁难题，解决发展载体问题；统筹推进农民充分就业，解决非农转移问题；统筹推进农村社保工作，解决农民保障问题；统筹加强农村组织管理，解决农民管理问题；统筹提高农民综合素质，解决农民素养问题。

成都金牛区城乡一体化建设的实践起点高、涉及面广，抓住了一体化的核心——"钱从哪里来，人往哪里去"的问题，多管齐下、多头并举，通过"以城带乡""工业反哺农业""城乡互补""城乡融合"等发展手段，走出了一条具有特色的可持续发展之路。

第6章 统筹城乡背景下可持续发展动力机制研究

——以宜宾市南溪区为例

6.1 研 究 意 义

探索统筹城乡发展的道路，实现可持续的城市化道路的需求。自党的十六届三中全会正式提出"统筹城乡发展"为重点的五个统筹以来，各地都在不断地探索统筹城乡发展的道路。就四川省而言，政府明确提出四川省要通过新型城镇化和新型工业化（"两化"）互动，促进城市经济发展，关注"三农"问题，消除城乡二元体制障碍，实现统筹城乡发展[136]。近年全国多地也已经形成一条以"两化"互动为主动力，同时关注农业现代化、解决"三农"问题，以此来推进"统筹城乡发展"的路子[137~139]。而实现统筹城乡发展必然要走可持续发展道路，统筹城乡可持续发展的深层次内涵也就是要以可持续的战略指导统筹城乡发展，使经济、社会、资源和环境四者之间相互协调，农村和城市在生产发展、生活富裕、生态良好的可持续发展道路上得到长足发展[140]。

尽管如此，在实践中，统筹城乡与可持续发展往往是被分割开来的，各成体系。在统筹城乡规划具体操作中也出现了很多问题，比如出现了功利主义及寻租的取向，同时，缺乏相应的制度、法规的支撑，进而导致统筹城乡发展规划实施的"变奏"[141]。面对统筹城乡与可持续发展的"脱节"，国家也在不断完善各种实施规划，但是真正把统筹城乡与可持续发展完全联系起来的框架体系还没有形成。国家在"十一五"规划中提出了推进主体功能区规划的要求，并在"十二五"规划中将其正式上升为主体功能区战略，特别是 2011 年又发布了《全国主体功能区规划》文件，主体功能区划的研究开始不断地深入和完善；有研究开始关注在统筹城乡可持续发展探索中，结合主体功能区划分来带动统筹城乡发展[142]，这是一个将两者发展有机结合起来的良好开端。

中国"统筹城乡发展"战略和可持续发展理念的实践取得了丰硕成果，但两者自成体系、脱离式的研究使得我国统筹城乡发展遭遇瓶颈，缺乏可持续性，使得城乡一体化发展面临困境。特别是统筹城乡可持续发展动力机制框架体系还没有达成共识，进而落实到城市可持续发展建设规划上还存在一定的盲目性。本章先从理论上试图构建统筹城乡可持续发展机制框架体系，然后以可持续发展实验探索区域宜宾市南溪区为例，探索在"两化"互动、"三化"联动①支撑下统筹城乡可持续发展机制。通过相关计量方法寻求驱动力，并科学地划分南溪区主体功能分区，提出因地制宜的发展模式。

因此，本章以此问题为线索，探索把统筹城乡可持续发展的各个要素集成为一个完整的动力机制框架体系，从框架的基本要素出发，以"两化"互动、"三化"联动为支撑动力，统筹城乡两个主体，协调"三农"问题及社会经济、人口环境等对象，通过主体功能分区的实施模式，突出分区优势，探索因地制宜的发展实施路径，最终达到理想完整的可持续发展社会形态。

6.2　研究区概况

南溪区位于四川省南部，宜宾市境内，地处 $104°43'E\sim105°5'E$，$28°41'N\sim29°3'N$，辖区面积为 704.41 平方千米。地势以丘陵为主，由岷江、金沙江汇合后的长江穿境而过，处于宜宾、泸州、自贡三市核心腹地，经济发展较快，水陆交通便捷。2011 年 2 月，国务院批准南溪撤县设区，目前，该区辖 15 个乡镇，人口为 42 万，第六次全国人口普查数据显示，该区常住人口为 33.58 万人，其中，城镇居住的人口为 14.37 万人，在乡村居住的人口为 19.21 万人。2012 年，南溪区地区 GDP 为 84.02 亿元，第一产业、第二产业和第三产业结构比为 23.6：49.9：26.5，主要还是以第二产业为主，其中，工业增加值为 42.66 亿元，城镇化率从 2000 年的 26.68% 上升到 2012 年的 46.67%，工业化和城镇化水平发展较快，特别是近年来"两化"互动推进经济的快速发展，工业化率也不断攀升，在 2010 年，工业化率首次超过了城市化率。

面临国家统筹城乡发展、新一轮西部大开发、成渝经济区、川南经济区、宜宾百万人口城市建设等多重战略机遇，如何找准南溪区发展的方向，做出准确的定位，是目前面临的一个重要课题。南溪区与川南同级地区相比，城乡发展差距仍然明显，经济发展水平偏低，区域人口城镇化发展不平衡，特别是目前还在撤县设区初始发展阶段，处于城市带动"大农村"发展探索期，"三农"问题也非常突出。所以在南溪区未来的发展规划中，统筹城乡可持续发展的动力机制的研究，也是南溪区面临的一个重要的课题。

6.2.1　南溪区可持续发展的优势条件与制约因素

为实现南溪区的可持续发展，透彻诊断其人地关系及其突出的矛盾焦点，深

---

① "三化"联动指工业化、农业产业化、城镇化联动发展。

入分析影响自身经济社会发展的各种因素是十分必要的。

6.2.1.1　南溪区可持续发展的优势条件

1. 区位优势

南溪区位于沿长江经济走廊上，是长江上游资源开发区与沿江重庆经济圈的结合部。随着国家新一轮西部大开发战略的实施，成渝地区将逐步成为长江经济带上的重点发展区域(图 6.1)。

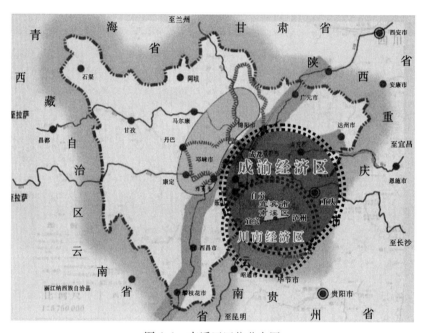

图 6.1　南溪区区位分布图

同时，因地处宜宾、泸州、自贡三市的"品"字形地域结构的交汇腹心带，受区域经济互补和强烈经济辐射作用的影响，南溪区必将成为三市经济往来的重要节点。

另外，在宜宾市中心城市建设"一主两次"发展格局中，南溪区因位于沿江经济带的主轴线上，而被规划为"一核六辅"辐射组群的核心腹地，成为产业空间布局上的综合经济区和工业功能区。而且南溪区地理位置优越，交通区位优势明显，水、陆、空交通便捷，为南溪区引进和承接宜宾市及其他地区的工业产业转移提供了较大的地域优势和发展空间。

2. 资源优势明显

南溪区发展历史久远，区内资源储量丰富，优势明显。

就自然资源而言，区内物种种类繁多，约有 120 科 191 属 309 种植物和 130 余种动物，其中包括银杏、桫椤、黑颈鹤、白鲟、大鲵等多种国家级保护动植物。区内煤、石英砂岩、石灰岩、天然气等可开发利用的矿产资源储量亦相当可观。

就文化资源而言，南溪区有藏书 3 万余册，并有附带电子阅览室的图书馆；有二级乙等县级川剧团创作排演优秀剧目；并成功举办了"全民健身活动周"、广场音乐会、闹元宵焰火晚会、首届艺术节等文体活动。

就人力资源而言，2012 年年末，南溪区户籍总人口约为 43 万人，其中有 79.2% 为农业人口，农村剩余劳动力丰富。随着产业结构的调整，可以为第二和第三产业的快速发展提供大批劳动力。

就旅游资源而言，南溪区旅游资源得天独厚，拥有南溪古街、临江古城楼城墙、朱德旧居等文化旅游资源 20 余处，各级重点文物保护单位 7 处，文明门、广福门、望瀛门历经 1400 多年风霜不衰；同时，因处长江上游古河道第二阶梯上，长江、黄沙河、马草溪、桂溪河等流经境内，其水景观资源突出，为滨水休闲旅游开发奠定了基础。

3. 城镇化发展显著

近年来，由于城乡统筹战略的支撑，南溪镇、大观镇、裴石乡等示范镇和旅游特色乡镇如雨后春笋，对推进南溪区城镇化发展，尤其是就近城镇化效果显著，城镇化水平提升较快(图 6.2)。至 2012 年，南溪区城镇化率为 46.47%，比 2000 年提高了 19.79 个百分点，高出四川省 2.94 个百分点、成都市 5.38 个百分点，位居宜宾市区县第二。城镇水、电、气、交通、通信、环卫等基础设施建设稳步提高，城市功能不断完善，城镇化质量明显改善，南溪这座滨江魅力城市正加速崛起。

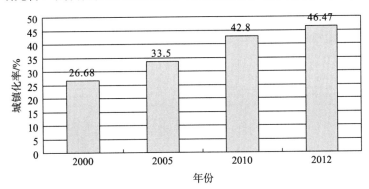

图 6.2　南溪区 2000~2012 年城镇化率统计图

4. 产业发展态势良好

依托优越的自然环境，南溪区重点培育蔬果、畜禽等特色优势产业，形成 31 个"一村一品"专业村，规范建设农业专业合作组织 156 个，发展规模以上农产品加工龙头企业 32 家。经过多年的建设发展，现已具备发展绿色产业的基础，形成了优质无公害蔬菜、优质水果、四川白鹅三大农业主导产业，推进农业产业化，集约发展特色农业。

目前，南溪区已形成食品、轻工、精细化工和机械制造为主的四大主导产业，2012 年实现规模以上工业总产值 106.3 亿元。2013 年年底，南溪区工业企业创市级技术中心 4 个，获得省级和市级农业产业化经营龙头企业分别为 2 个和 6 个，规模以上工业企业达 64 家，工业产业发展势头良好，生产技术不断创新，"好巴食""庶人坊"等产品广受好评，工业经济增长迅速。

南溪区依托"水""古"文化，塑造南溪区古街城市名片，大力发展文化旅游产业，加快打造川南休闲旅游目的地。2012 年，全区创造旅游总收入 5.7 亿元，接待游客总量 74.04 万人次。

6.2.1.2　南溪区创建省级可持续发展实验区的制约因素

1. 经济总量偏小，产业层次偏低

虽然近年来南溪区的 GDP 呈稳步增长态势，增速较高，但实际上 GDP 总量偏小，以 2012 年为例，仅完成 GDP 84.02 亿元（图 6.3），人均 GDP 甚至处于全国和四川省的下游水平。南溪区经济基础薄弱，发展水平较为落后，与全国、四川省相比差距仍然较大。

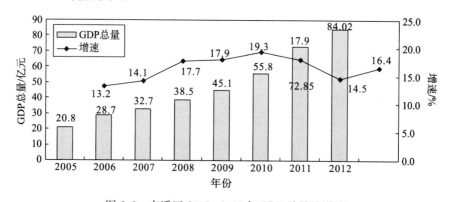

图 6.3　南溪区 2005～2012 年 GDP 总量及增速

第一产业、第二产业和第三产业比重虽由 2005 年的 32.8：33.4：33.8 逐步发展为 2012 年的 20.9：56.1：23.0（图 6.4），实现了均等化发展向工业主导发展的转变，但第一产业增加值所占比重仍然偏高，达到 20.9%，显著高于四川省平均水平的 13.8%，第三产业比重不断下降，使得区域发展的后续动力不足，产业结构优化空间仍然较大。

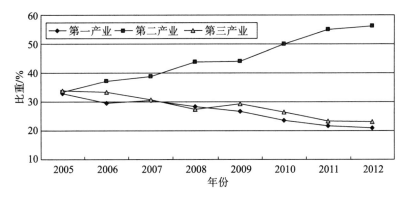

图 6.4 南溪区 2005~2012 年地区生产总值构成图

2. 区域发展不平衡，人口外流严重

区域发展的不平衡性，一方面，可从各乡镇的非农人口比重来看（图 6.5），2011 年南溪区各乡镇中，仅南溪镇、罗龙镇和大观镇的非农化水平超过 10%，分别为 64.13%、29.15% 和 16.14%，其他乡镇非农水平相当落后，江南镇和马家乡甚至仅有 1.44%、1.96%，两极化差距明显，而且，受经济发展水平的制约，各乡镇在基础设施和社会事业的资金投入方面地区性差别明显；另一方面，可从城乡居民收入差距来看，2012 年，南溪区城镇居民人均可支配收入为 19555元，农村居民人均纯收入为 7927 元，城镇居民收入是农村居民的 2.5 倍，城乡居民收入差距较大。

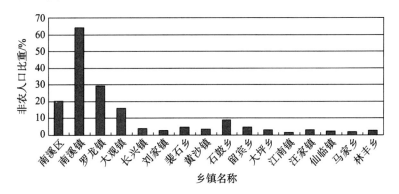

图 6.5 南溪区 2011 年各乡镇人口非农化统计

另外，据统计，自 2004 年以来，南溪区外出人口逐渐增多，人口外流严重。在户籍总人口不断增加的情况下，常住人口却在不断下降。如表 6.1 所示，2004~2012 年南溪区户籍人口从 41.18 万增长到 42.81 万，常住人口从 37.7 万减少到 33.11 万，外流人口从约 4.11 万达到 9.7 万，外流人口的增长速度明显快于总人口的增长速度，这在一定程度上影响了南溪区新型城镇化的进程。

表 6.1　南溪区近年总人口、常住人口和外流人口数　　（单位：万人）

年份	总人口	常住人口	城镇常住人口	农村常住人口	外流人口
2004	41.18	37.70	12.37	25.33	3.48
2005	41.23	36.02	12.25	23.77	5.21
2006	40.81	34.17	11.99	22.18	6.64
2007	41.26	34.05	12.50	21.55	7.21
2008	41.78	34.10	13.20	20.90	7.68
2009	42.00	34.52	14.09	20.43	7.48
2010	42.27	33.58	14.37	19.21	8.69
2011	42.81	33.11	14.83	18.28	9.70
2012	43.13	33.10	15.38	17.72	10.03

3. 二元体制明显，制度障碍犹存

受城乡二元结构体制的长期影响，南溪区重城轻乡的思想观念和制度障碍一时间还难以完全消除，农村剩余劳动力转移的难度仍然较大。一方面，城乡居民之间在土地制度、户籍管理制度、社会保障及就业等方面的差距依然较大，仍然带有二元结构的痕迹；另一方面，出于对土地权益、自身素质、城镇就业等方面的考虑，农民仍心存顾虑，产生了新的"恋土恋乡"情结，影响了农民向市民的转化。

4. 资源约束明显，人地矛盾突出

目前，南溪区仍处于工业化初期阶段，环境容量相对较大，但南溪区山地多，平地少，土地资源十分有限。而南溪区大部分耕地位于保水、保肥能力不强的浅丘和中丘地区，又因土壤农业基础设施较薄弱，水利工程蓄水总量不足，保灌抗旱能力差，区内中低产田土比重大，且区内人均占有耕地量少，土地利用率达89%，土地垦殖率达44%，均处于较高水平，土地开发利用程度较高。加之区内人均城乡建设用地为156平方米/人，人均农村居民点用地为160平方米/人，建设用地集约利用程度低等因素使得土地资源更加紧张，并且，随着城镇化的快速发展，城市建设用地需求将持续扩大，土地资源的短缺性将越发凸显。长江上游生态保护屏障工程的实施，无疑将加剧对相关地区生态环境的约束，土地资源紧缺和生态环境的约束可能成为制约南溪区推进城镇化发展的瓶颈。

6.2.2　南溪区的发展战略定位

新中国成立以来，政府采取的重工轻农政策及优先发展重工业等政策和措施，导致我国城乡社会逐渐分治，城乡二元结构逐渐形成。随着城乡之间种种差距的拉大，城乡矛盾开始产生、积累，城乡发展越来越不协调，城乡二元结构的弊端日益显露。要打破城乡二元结构，必须把城市和乡村的社会经济各方面发展统筹起来，综合考虑工农关系、城乡关系，着力打破城乡壁垒，逐步消除城乡差距。因此，统筹城乡发展思想的提出，对于我国的特殊国情而言，有着明显的必然性和紧迫性。

2003 年 10 月，党的十六届三中全会明确提出了"五个统筹"思想，并把统筹城乡发展放在首要位置，并首次提出了"改变城乡二元经济结构的体质"，接着，2004～2007 年的中央 1 号文件都是以关注"三农"问题、促进农村和农业发展为主题，党的十七大、十八大报告中也继续强调了加强城乡统筹发展的重要性，要求加大统筹城乡发展力度，促进城乡共同繁荣，着力促进农民增收，保持农民收入持续较快增长[143]。可见，统筹城乡发展在加快城市经济建设繁荣的同时，对不断壮大农村经济、加快农村剩余劳动力转移、增加农民收入、逐步消除城乡差距、保持经济持续快速发展和社会稳定、最终实现全面建成小康社会宏伟目标等具有重要意义。

通过对南溪区区域发展影响因素的分析不难看出，南溪区虽然在统筹城乡发展上已初见成效，但与川南同级地区相比，城乡发展差距明显、经济发展水平偏低、区域城镇化发展不平衡等问题仍长期存在，"三农"问题仍非常突出。因此，对于目前正处于撤县设区初始发展阶段与城市带动"大农村"发展探索期的南溪区而言，想仅仅依靠统筹城乡发展来实现全面建成小康社会的目标是难以实现的，必须寻找其他的出路。而 2012 年 11 月，四川省科技厅为强化"两化"互动，给统筹城乡发展提供有力的科技支撑，提出建设一批可持续发展实验区，促进带动不同类型地区实施可持续发展战略的要求给面临国家新一轮西部大开发、成渝经济区、川南经济区、宜宾百万人口大市建设等多重战略机遇的南溪区提供了一个很好的契机。

在综合考虑可行性和可操作性都较高的情况下，南溪区严格按照可持续发展要求，以成都市金牛区国家可持续发展先进示范区"统筹城乡"发展模式为示范，借鉴现有的可持续发展实验区建设的成功实践经验，结合自身实际需要，提出了创建统筹城乡省级可持续发展实验区的战略定位，使南溪区在准确把握未来发展方向的同时，继续探索和实践统筹城乡理论对四川省可持续发展的影响。可以说，南溪区创建统筹城乡可持续发展实验区是既顺应中国共产党四川省第十次代表大会立足实际、把握现代化发展规律的要求，又符合四川省未来经济发展总体战略的明智决策。

6.3 统筹城乡可持续发展动力机制研究

6.3.1 统筹城乡可持续发展理论框架体系

1. 基本要素

一直以来，统筹城乡可持续发展的动力机制研究都没有形成一个统一的模式和机制，发展的路径也是单维的，而统筹城乡的发展必须是可持续的发展。统筹城乡可持续发展动力机制的研究，也应该是一个完整的、有序循环的动力机制系统，其基本要素应该包括互动体系、动力、主体、对象及目标，并且其中的每一个要素或状态都是统筹乡村和城市双向互动的结合，这样的动力机制才更完善和可靠。

如图6.6，在动力机制中，显然要以新型城镇化和新型工业化作为支柱，工业化是城镇化的经济支撑，城镇化是工业化的空间依托，实现"两化"互动；而另一个支柱必须是农业现代化，只有农业发展起来，才能真正带动城乡物质要素的流动，做到"三化"联动，形成统筹城乡可持续发展的互动体系。因此，基本要素的动力就是新型城镇化和新型工业化及新农村建设，把新农村建设作为农业现代化的核心动力，是因为新农村建设不仅要破除旧的生产力体制，还要建成一个完整的、全面的新农村"综合体"。统筹城乡的主体是乡村和城市，其中乡村的主要对象是农民、农村和农业，目的是要达到农民增收、农村发展和农业稳定；城市的主要对象是社会经济、人口资源和生态环境，最终实现城市各方面的协调发展，建设健康城镇。基本要素的目标是实现新农村建设的五个标准要求，生产发展、生活富裕、乡风文明、村容整洁和管理民主，建成基础设施建设完善、经济发展稳定的社会主义新农村；城市"两化"互动水平显著，"三化"联动发展，工业反哺农业，城市支持农村，城市实现可持续的协调发展。这样，就形成一个"两化"互动、"三化"联动为支柱的互动体系，工业化、城镇化及新农村建设为动力，统筹城乡两个主体，协调"三农"问题与城市发展建设为对象，最终实现城乡统筹目标的基本要素框架机制。

南溪区统筹城乡可持续发展动力机制体系的主体是城市和乡村，需两者兼顾，即统筹城乡发展，最终实现乡村和城市的一体化发展。要使经济社会发展成果落实到农业、农村，甚至农民身上，必须协调农业、农村、农民和城市人口、经济、社会、资源、环境的发展，使得城市建设和经济繁荣在更上一个台阶的同时，农业得到保障、农村得到发展、农民得到实惠。不断缩小城乡差距，力争城市乡村发展一体化、均等化，最终促使南溪区走上长久、可持续的良性发展轨道。

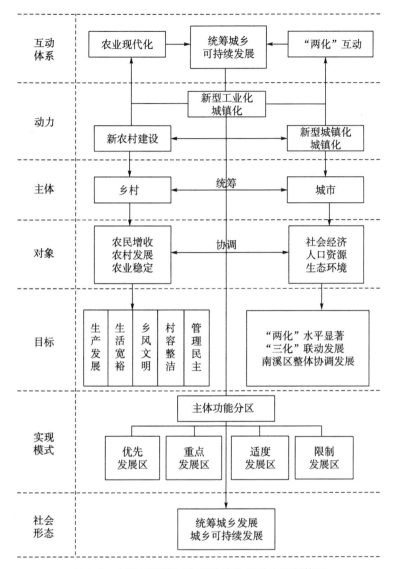

图 6.6　南溪区统筹城乡可持续发展动力机制体系

南溪区统筹城乡可持续发展动力机制体系的目标于农村而言，是农村的发展建设，所以按照"生产发展、生活宽裕、乡风文明、村容整洁、管理民主"的五个标准要求来建设社会主义新农村，力图实现南溪区农业的现代化、农村的现代化。南溪区城市的发展目标是实现经济环境建设的可持续发展，进而实现南溪区协调发展、城市发展与农村共享。

南溪区统筹城乡可持续发展动力机制体系的社会发展形态是统筹城乡的发展、城乡包容的发展、城乡可持续的发展。在"两化"互动的支撑下，实现南溪区的统筹城乡发展，统筹城乡规划建设、产业发展、管理制度及收入分配，南溪区的人口、社会、经济、资源和环境实现可持续发展，共建美丽南溪。

2. 路径选择

理清了机制框架体系共同发展的互动体系、动力、主体、对象、目标之后，还必须关注统筹城乡可持续发展的实施途径，即路径的选择和要实现的社会形态。在路径上，选择以主体功能分区为依托的实现模式，最终回归到实现统筹城乡的发展，统筹城乡可持续发展的社会形态。

主体功能区划是实现区域有序发展的依据，樊杰[21]首次引入空间均衡模型参与到主体功能区划的研究中，提出主体功能区合理的发展路径与"开发""保护"的双维复合，以及明确提出了主体功能区划的科学基础是"因地制宜"思想和"空间结构有序法则"；在后来的研究中，他陆续完善了主体功能区规划的重要作用，提出主体功能区规划也是落实"五个统筹"的要求举措[22]，统筹城乡发展居于"五个统筹"之首，表明主体功能区规划对实现区域有序发展的重大意义。实施主体功能区的发展战略及形成功能分区有利于优化空间格局，樊杰也对各个分区进行了非常详尽的阐述，提出了空间的战略优化；主体功能区划分遵循了区域的经济发展规律和自然规律，对于统筹城乡区域发展是一个极大的促进举措，具有生命力和影响力[23]。那么，在南溪区统筹城乡可持续发展中，探索以主体功能区为依托的实现模式是可行的，划分为优先开发区、重点开发区、限制开发区和禁止开发区四类，一方面重视主要驱动力因子对优先开发区和重点开发区的推动作用，形成增长极效应，突出主体功能区优势，大力发展优势区域；另一方面，限制和禁止开发生态脆弱地区，真正做到"开发"与"保护"并重。通过主体功能分区的实现模式，逐步实现统筹城乡可持续发展。

6.3.2 研究方法

1. 因子分析法

因子分析是简化观测系统，利用降维的思想，把高度线性相关的原始指标转化成少数几个相互独立的因子，寻求基本结构，并且包含原有指标大部分（80%～85%以上）信息的多元统计方法。该方法可以综合找到南溪区统筹城乡发展的驱动力分类，得出各因子之间的比重大小：①把各指标的原始数据标准化，消除变量间在数量级和量纲上的不同；②计算样本相关系数矩阵 R，求相关矩阵 R 的特征值及特征向量；③计算方差贡献率与累计方差贡献率；④对指标进行降维处理，提取出因子特征值大于等于1的因子，采用方差最大正交旋转法计算其载荷矩阵；⑤通过以各因子的方差贡献率占这些因子总方差贡献率的比重作为权重进行加权汇总，得出各乡镇的综合得分 F，排列得分名次。

　　因子分析最早是由心理学家查尔斯·斯皮尔曼(Charles Spearman)于 1904 年提出的，它的基本思想是将实测的多个指标，用少数几个潜在因子的线性组合来表示。因子分析的主要应用有两个：一是寻求基本结构，简化观测系统，利用降维的思想，把高度线性相关的原始指标转化成少数几个相互独立，并且包含原有指标大部分(80％以上)信息的多元统计方法；二是对变量或样本进行分类 。

　　第一，基本模型。

$$\begin{cases} X_1 = a_{11}F_1 + a_{12}F_2 + \cdots + a_{1m}F_m + \varepsilon_1 \\ X_2 = a_{21}F_1 + a_{22}F_2 + \cdots + a_{2m}F_m + \varepsilon_2 \\ \qquad\qquad\qquad\vdots \\ X_p = a_{p1}F_1 + a_{p2}F_2 + \cdots + a_{pm}F_m + \varepsilon_p \end{cases}$$

　　用矩阵表示为 $\boldsymbol{X} = \boldsymbol{AF} + \boldsymbol{E}$，模型中 X_i 为各指标变量，a_{ij} 称为因子"载荷"，是第 i 个变量在第 j 个因子上的负荷。矩阵 $\boldsymbol{A} = (a_{ij})$ 称为因子载荷矩阵，F_j 表示公共因子，ε_1 叫作特殊因子，是变量 X_i 所特有的因子。A_{ij} 表示变量 X_i 依赖 F_j 的程度，也就是 X_i 与公共因子 F_j 之间的密切程度。

　　模型满足如下条件：各个公共因子不相关，且方差为 1，各个公共因子不相关，且方差为 1，即：

　　(1)$m \leqslant p$；

　　(2)COV$(\boldsymbol{F}, \boldsymbol{E}) = 0$，即公共因子与特殊因子是不相关的；

　　(3)D$\boldsymbol{F}$ = D$(\boldsymbol{F})$ = $\begin{pmatrix} 1 & & 0 \\ & \ddots & \\ 0 & & 1 \end{pmatrix}$ = Im，即各个公共因子不相关，且方差为 1；

　　(4)Dε = D(ε) = $\begin{pmatrix} \sigma_1^2 & & 0 \\ & \ddots & \\ 0 & & \sigma_r^2 \end{pmatrix}$，即各个特殊因子不相关，方差不要求相等。

　　第二，计算样本相关系数矩阵 $\boldsymbol{R}$，求相关矩阵 $\boldsymbol{R}$ 的特征值及特征向量。

　　第三，在最小二乘法下对因子得分进行估计，即把公共因子表示成变量的线性组合：

$$F_j = \beta_{j1}X_1 + \beta_{j2}X_2 + \cdots + \beta_{jn}X_n$$

　　第四，通过对指标的降维处理，运用主成分分析法提取出因子特征值大于等于 1 的因子，并进行旋转计算因子载荷矩阵，以各因子的方差贡献率占这些因子总方差贡献率的比重作为权重进行加权汇总，得出各个研究对象的综合得分 $\boldsymbol{F}$，其模型为

$$\boldsymbol{F} = a_1F_1 + a_2F_2 + \cdots + a_mF_m$$

基于以上便可得知研究对象的水平。

2. 灰色关联度分析法

　　灰色关联度分析是一种多因素统计分析方法，通过对发展变化系统在各时期

有关统计数据的几何关系的比较，进行定量描述和比较分析，确定出影响系统发展的优劣因素。对各比较数列与参考数列的关联度从大到小排序，关联度越大，说明比较数列与参考数列变化的态势越一致。该方法可以找到南溪区统筹城乡的关键驱动力，其模型的建立步骤如下。

(1)确定分析序列。建立因变量参考数列(即母系列)，为 $X_o(k)$，自变量比较数列(即子序列)，为 $X_i(k)(i=1, 2, 3, \cdots, n)$，$k$ 为系列长度。

参考数列：
$$X_o(k) = \{X_o(1), X_o(2), X_o(3), \cdots, X_o(k)\}$$

比较数列：
$$X_i(k) = \{X_i(1), X_i(2), X_i(3), \cdots, X_i(k)\}$$

(2)对变量序列进行无纲量化处理，用均值化法消除数量级大小不同的影响。
$$X_i(k)' = X_i(k)/X_i$$

(3)求出差序列、最大差和最小差。

差序列：
$$\Delta O_i(k) = |X_o(k) - X_i(k)|$$

最小差：
$$\min \min |X_o(k) - X_i(k)|$$

最大差：
$$\max \max |X_o(k) - X_i(k)|$$

(4)计算关联系数，即
$$+\rho\max \max |X_o(k) - X_i(k)|$$

其中，ρ 为分辨系数，一般取 $\rho = 0.5(i=1, 2, 3, \cdots, n)$

(5)计算关联度，即
$$k = 1$$

(6)依关联度排序。对各个比较数列与参考数列的关联度从大到小排序，关联度越大，说明比较数列与参考数列变化的态势越一致[24]。

6.3.3　过程及结果分析

1. 因子选取

根据南溪区的现实情况和科学性、全面性、易收集及可行性原则，尽可能提取覆盖新型工业化、新型城镇化及农业化发展各个方面的指标，考虑到现实的可行性，尽量采用在评估期间内可获取、可量化的指标。根据南溪区的现实发展状况，选取 14 个可量化的反映南溪区经济社会发展的指标(表 6.2，表 6.3)。

表 6.2　统筹城乡指标体系及其内涵

指标层	单位	统筹指标的目标
X_1总人口指标	人	城乡人口发展水平
X_2非农人口比重	％	城镇化水平
X_3 GDP	万元	城乡居民经济水平
X_4人均 GDP	元	城乡人均居民经济水平
X_5第二产业比重	％	城乡居民劳动生产率
X_6第三产业比重	％	城乡居民劳动生产率
X_7耕地面积	亩	农村后备土地资源状况
X_8农村用电量	万千瓦时	农村生活用电便利情况
X_9公路里程	公里	城乡路网发展水平
X_{10}工业增加值	万元	城市工业企业生产成果
X_{11}农民人均纯收入	元	农村居民收入情况
X_{12}固定资产投资	万元	城乡社会固定资产再生产水平
X_{13}社会消费零售总额	万元	城乡社会商品购买力水平
X_{14}招商引资额	万元	城乡发展潜力水平

2. 结果及分析

通过 SPSS16.0 软件的数据处理，输出结果及分析如下：从 KMO 检验和 Bartlett's 球形检验来看（表 6.4），由于 KMO 检验值为 0.502，在 0.5 与 1.0 之间；Bartlett's 球形检验的渐近值也很大，为 314.784，相应的显著性概率（Sig.）小于 0.001，为高度显著，因此，数据适合用因子分析方法。

依据 SPSS16.0 软件对上述指标进行因子分析，其中四个公共因子的累计方差贡献率达到了 89.949％，可以认为能较好地反映所选指标的大部分信息，因此选取四个因子进行分析。另外权重可以从各个主因子的方差贡献占总累积方差贡献的比计算得出，各因子方差的贡献率为 28.880％、25.945％、24.154％和 10.971％，而主因子的累计贡献率为 89.949％。在这里，先把权重算出来，在后面计算总 **F** 时直接取用，那么利用前面的数据，可以算出四个主因子的权重，分别为 0.3211、0.2884、0.2685、0.1220（表 6.5）。

表 6.3　南溪区统筹城乡发展动力指标数据

乡镇	总人口/人 (X₁)	非农人口比重/% (X₂)	GDP/万元 (X₃)	人均GDP/元 (X₄)	第二产业比重 (X₅)	第三产业比重 (X₆)	耕地面积/亩 (X₇)	农村用电量/万千瓦时 (X₈)	公路里程/千米 (X₉)	工业增加值/万元 (X₁₀)	农民人均纯收入/元 (X₁₁)	固定资产投资/万元 (X₁₂)	社会消费零售总额/万元 (X₁₃)	招商引资额/万元 (X₁₄)
南溪镇	86160	64.13	231915	24483	48.00	47.00	26745	587	244	135687	7237	3318	84212	53175
罗龙镇	55067	29.15	70090	17504	63.00	25.00	36165	1131	234	107502	6717	8500	31136	47502
大观镇	42443	16.14	69584	25132	36.00	35.00	21780	1068	247	53626	6827	7810	31376	14523
长兴镇	27137	4.08	40839	21452	35.00	24.00	19200	295	190	3333	6782	1360	25465	3250
刘家镇	30373	2.82	41026	18763	48.00	31.00	21345	316	246	5886	6729	1280	24037	4330
裴石乡	23519	4.58	33267	20630	50.00	30.00	16260	366	142	4364	6672	2500	12157	9432
黄沙镇	17314	3.63	32896	28555	55.00	18.01	12630	339	127	6740	6768	1940	20225	2760
石鼓乡	13893	9.18	14320	14127	43.00	27.00	10845	380	101	8058	6530	1210	7550	4360
留宾乡	21170	4.70	22919	15645	31.00	20.01	13305	210	126	1465	6819	650	8076	4520
大坪乡	7397	3.22	7790	17608	23.99	16.01	5895	78	76	383	6325	1000	1721	800
江南镇	20737	1.44	25184	14775	22.00	22.00	16845	223	181	1707	6796	3380	12761	4468
汪家镇	20166	3.27	20675	14206	26.00	16.00	18930	306	110	3525	6810	1000	11724	2600
仙临镇	40791	2.38	42279	17516	26.00	34.00	31935	350	162	5021	6946	3082	25676	7000
马家乡	12297	1.96	14542	16218	25.00	17.01	10890	174	93	1605	6855	2750	1787	2050
林丰乡	9620	2.71	12280	19867	19.00	26.00	7605	128	59	1057	6740	1237	2094	2200

表 6.4　KMO 检验和 Bartlett's 球形检验表

KMO 检测值		0.502
Bartlett's 球形检验	卡方	314.784
	df	91
	Sig.	0.000

表 6.5　旋转后因子载荷矩阵和因子分析总方差解释表

指标	因子			
	1	2	3	4
X_2	0.880	0.200	0.391	0.151
X_{14}	0.822	0.471	0.277	0.070
X_{10}	0.812	0.465	0.294	0.135
X_3	0.730	0.137	0.617	0.239
X_{12}	0.214	0.886	0.067	0.073
X_8	0.330	0.876	0.081	0.206
X_7	0.224	0.754	0.494	−0.089
X_9	0.189	0.678	0.529	0.246
X_{11}	0.246	0.068	0.869	0.024
X_6	0.391	0.230	0.689	0.236
X_{13}	0.616	0.242	0.668	0.296
X_1	0.621	0.445	0.623	0.127
X_4	0.100	0.059	0.260	0.913
X_5	0.413	0.488	−0.123	0.568
特征根	9.043	1.655	1.065	0.830
方差贡献率/%	28.880	25.945	24.154	10.971
累计方差贡献/%	28.880	54.824	78.978	89.949

由旋转后的因子载荷矩阵对指标进行分类并对主因子进行命名。

第一公共因子上的高载荷指标有非农人口比重、招商引资额、工业增加值和GDP，相应的因子载荷值分别为 0.880、0.822、0.812、0.730。这几个因子中，工业增加值和非农人口比重可分别代表新型工业化和新型城镇化，招商引资是"两化"发展的经济基础和来源，GDP 是"两化"发展的结果。因此，可将第一公共因子 F_1 命名为"两化"互动发展水平因子。

第二公共因子上的高载荷指标有固定资产投资、农村用电量、耕地面积和公路里程，相应的因子载荷值分别为 0.886、0.876、0.754、0.678。这几个因子中包括了农业基础和工业基础的投资水平。因此，可将第二公共因子 F_2 命名为基础设施投资水平因子。

第三公共因子上的高载荷指标有农民人均纯收入、第三产业比重、社会消费零售总额和总人口，相应的因子载荷值分别为 0.869、0.689、0.668、0.623。这几个因子主要是新型城镇化、新型工业化过程中人口的服务业产出水平和消费水平。因此，可将第三公共因子 F_3 命名为统筹城乡消费服务水平因子。

第四公共因子上的高载荷指标有人均 GDP 和第二产业比重，相应的因子载荷值分别为 0.913、0.568。这几个因子中第二产业主要是工业，再一次说明工业化对城镇化发展的推动作用，并且提高人均收入水平。因此，可将第四公共因子 F_4 命名为工业助推收入水平因子。

总结以上四个因子，分别为两化互动发展水平因子、基础设施投资水平因子、统筹城乡消费服务水平因子及工业助推收入水平因子。对全部初始变量的因子进行方差贡献率计算，得到统筹城乡的贡献分别为 28.880%、25.945%、24.154% 和 10.971%，权重分别为 0.3211、0.2884、0.2685、0.1220。通过因子得分系数矩阵计算出各主成分的表达式，确定综合得分函数

$$F = 0.3210F_1 + 0.2885F_2 + 0.2685F_2 + 0.1220F_4 \qquad (6.1)$$

6.3.4 驱动力因子分析

通过因子分析可以看出，统筹城乡驱动力主要是"两化"互动发展水平因子、基础设施投资水平因子、统筹城乡消费服务水平因子及工业助推收入水平因子。这里通过灰色关联分析对所选因子对统筹城乡发展的影响程度进行分析，以确定哪些指标对南溪区发展的影响最大，这样就可以指导以后南溪区加快"两化"、统筹城乡进程的方向[①]，得到表 6.6。

表 6.6 统筹城乡影响因子的灰色关联分析表

指标	X_1	X_3	X_4	X_6	X_{10}	X_{13}	X_{14}
关联度	0.8669	0.9400	0.7113	0.7420	0.9536	0.9152	0.9538
关联度排序	5	3	7	6	2	4	1

由于影响统筹城乡发展的指标较多，在南溪区发展中，要关注的重点主要是关联度前几位的指标。从灰色关联分析结果中可以看出，"招商引资额""工业增加值""GDP"及社会消费零售总额与非农化水平即城镇化水平关联性排在前四位，关联度都超过 0.9，且"招商引资额""工业增加值"影响程度几乎一样，由此分析，工业化的发展和招商引资水平对"两化"的支撑力度最大。排第五和

---

① 因为没有南溪区各乡镇的城镇化率统计指标，只有非农化水平，不过对于乡镇来说，这一指标基本可以反映城镇化水平，这里就用非农化水平（X_2）代替城镇化水平进行关联度分析。

六位的分别是"总人口"和第三产业比重。说明人口也是影响"两化"和统筹城乡发展的主要因素。综上，在南溪区统筹城乡可持续发展驱动力因素中，居于前五位的分别为招商引资额、工业增加值、GDP、社会消费品零售总额和总人口。在南溪区今后的发展中，要利用这些因素推动统筹城乡的发展。

6.4 统筹城乡可持续发展实验区功能发展方向

6.4.1 主体功能分区结果

通过因子分析找到主成分的表达式，确定权重，求出南溪区"两化"互动，统筹城乡指标的综合得分函数，最后求出各个乡镇"两化"互动下统筹城乡可持续发展的总得分排名。在此基础上，划分南溪区未来的主体功能区，明确优先开发、重点开发、限制开发和禁止开发的四类地区，确立未来南溪区可持续发展的方向和实施规划。

将南溪区 15 个乡镇的指标值代入公式(5.16)，可以计算出南溪区 15 个乡镇"两化"互动下统筹城乡可持续发展实验区的综合得分及排名，结果如表 6.7所示。

表 6.7 各个因子得分及其排名

| 乡镇 | 因子得分 | | | | | | | | 综合 | |
	F_1	排名	F_2	排名	F_3	排名	F_4	排名	得分 F	排名
南溪镇	2.823	1	−0.669	13	2.037	1	0.531	5	1.325	1
罗龙镇	1.403	2	2.648	1	−1.164	13	−0.511	10	0.839	2
大观镇	−0.670	11	1.672	2	0.522	5	1.020	2	0.532	3
长兴镇	−0.720	13	−0.172	7	0.530	3	0.551	4	−0.071	6
刘家镇	−0.777	14	0.288	4	0.528	4	0.529	6	0.040	5
裴石乡	−0.179	7	0.010	6	−0.458	11	0.835	3	−0.075	7
黄沙镇	−0.443	10	−0.450	10	−0.619	12	2.485	1	−0.135	8
石鼓乡	0.551	3	−0.359	9	−1.223	14	−0.379	9	−0.301	10
留宾乡	−0.091	5	−0.614	12	−0.051	8	−0.682	11	−0.303	11
太坪乡	0.465	4	−0.981	14	−1.658	15	−0.184	8	−0.601	15
江南镇	−0.671	12	0.140	5	0.400	6	−1.126	14	−0.205	9
汪家镇	−0.180	8	−0.292	8	−0.040	7	−1.252	15	−0.306	12

续表

乡镇	因子得分								综合	
	F_1	排名	F_2	排名	F_3	排名	F_4	排名	得分 F	排名
仙临镇	−1.073	15	0.465	3	1.606	2	−0.911	13	0.110	4
马家乡	−0.269	9	−0.510	11	−0.231	10	−0.802	12	−0.393	13
林丰乡	−0.168	6	−1.175	15	−0.178	9	−0.106	7	−0.454	14

结合南溪区的社会、经济发展情况，并考虑其资源、区位条件、开发情况、环境承载力、发展潜力等，结合对未来发展的科学规划，以"两化"互动，"三化"联动为目标，把南溪区 15 个乡镇划分为中心城区、重点镇、轴线带动区和周边支持区四大类开发层次等级(表 6.8，图 6.7)，以明确南溪区未来的开发时序、方向、力度和强度，促进南溪区人口、经济、社会长久的可持续发展。

表 6.8 南溪区各乡镇开发等级划分

开发等级	总得分范围(F)	排名	乡镇
中心城区	1.325~0.843	1	南溪镇
重点镇	0.843~0.361	2~3	罗龙镇、大观镇、
轴线带动区	0.361~−0.121	4~7	仙临镇、刘家镇、长兴镇、裴石乡
周边支持区	−0.121~−0.601	8~15	黄沙镇、江南镇、石鼓乡、留宾乡、汪家镇、马家乡、林丰乡、大坪乡

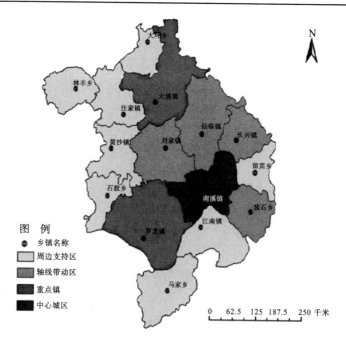

图 6.7 南溪区各乡镇开发等级划分图

6.4.2　南溪区各主体功能区发展方向

（1）优先发展区域。优先发展区域指综合实力较强，能体现区域的整体竞争力；经济规模较大，可以支撑并带动区域经济发展；城镇体系比较健全，可以形成具有区域影响力的地区；并且科学技术创新能力较强，能带领区域自主创新和结构升级的区域。优先发展区域主要有南溪镇、罗龙镇、大观镇、仙临镇和刘家镇。在这五个乡镇的未来发展规划中，注重优化经济结构，提升"两化"水平，优化空间布局、城镇布局、人口分布、发展方式、基础设施布局及生态系统格局。统筹城乡可持续发展的关键驱动力在于招商引资额、工业增加值、GDP、社会消费零售总额及总人口，所以在优先开发区规划中，还要特别注重人口的城镇化、工业的发展、招商引资工作及消费水平的拉动和提高。使得这几个地区逐步发展成为南溪区经济社会发展的增长极，从而推动整个南溪区的发展。

（2）重点发展区域。重点发展区域是指在该区域具备较强的经济基础，有一定的科技创新能力和发展潜力；城镇体系初步形成，有一定的辐射带动能力，能够带动周边地区发展，且可以促进整个区域协调发展的地区。重点发展区域主要有长兴镇、裴石乡、黄沙镇、江南镇和石鼓乡。在发展思路上，要在优化结构、降低消耗、提高效益、保护环境的基础上推动经济的可持续发展。当然在有条件的基础上，也要注重五个关键驱动力因子的影响发展，在服务优先开发区域的同时，推进城镇化、工业化与农业现代化。

（3）限制发展区域。限制发展区域是指具备较好的农业生产条件，提供农产品为其主体功能，提供生态产品、服务产品和工业品为其他功能，开发中适度进行工业化城镇化开发的地区。限制发展区域主要有留宾乡、汪家镇、马家乡三个乡镇。可以在保障农产品供给安全的重要区域建设农村居民安居点、社会主义新农村建设的示范区。坚持开发和保护并重，因地制宜地培育和发展资源环境可承载的优势特色产业，优化产业布局，合理控制经济和人口集聚规模，实现社会、经济、人口和环境的协调发展。

（4）禁止发展区域。禁止发展区域指的是生态环境较弱的地区，以环境保护、生态建设和恢复为主，保障生态安全的区域。禁止发展区域对工业化和城镇化的发展有限制，更多地注重环境保护，是需要特殊保护的生态功能区。在南溪区发展过程中，林丰乡和大坪乡属于此类开发区。应大力发展低碳环保的产业，严禁引入"三高"产业[①]。加强自然资源环境保护与生态环境建设，根据实际情况，也可以逐步引导人口向区外转移，缓解人与自然的矛盾。

---

① "三高"产业指高污染、高耗能、高耗水的工业企业，主要有小水泥、小造纸、小化工、小铸造、小印染、小火电等。

6.5 南溪区主题可持续实验区发展策略：
"两化"互动、统筹城乡

在凝练和构建南溪区"两化"互动、统筹城乡的科学体系，主体功能分区，以及定位南溪区发展的驱动力的基础上，有针对性地提出南溪区今后一段时期加快推进"两化"、统筹城乡、创建可持续发展实验区的措施。

1. 政府牵头深化体制机制改革，持续对外开放

在创建可持续发展实验区的过程中，首先得到了政府行政部门的大力支持，深化体制机制改革，调整内部结构以适应南溪区可持续发展的需要。实现南溪区的可持续发展，南溪区政府在大方向上需要建立健全政府管理体制，健全城市管理体制，更好地进行可持续发展的体制创新管理；推进财税体制改革，深化农村产权制度改革，支持新农村建设；创新社会管理，探索适应可持续发展模式的管理制度。突破行政阻隔，主动融入成渝经济区、川南经济区和宜宾百万人口特大城市发展大格局，加快发展开放型经济，积极承接产业转移，大力推进区域合作，抓好招商环境建设，形成开放合作的新格局。

2. 健全体制机制改革，创新社会管理模式

政府要理顺区、乡（镇）两级政府机构管理职能，将执行、服务、监管等职责的重心下移到各个职能部门和乡镇，深化乡镇机构改革，依法探索和尝试将部分区级行政管理职能和社会管理权限向乡镇延伸。健全城市管理的体制机制，增设街道办事处，建立健全城市社区，完善市街管理体制。根据城市发展建设需要，适时增设以城市管理为主的机构，推进财税体制改革；完善保障农村基础设施建设和公共服务开支稳定来源的机制和办法，形成统一、规范、透明的转移支付制度。采取财政贴息、补贴等手段，引导社会资金投向公共产品和服务领域。

积极推进社会管理体制创新，以社区管理为平台，充实和整合基层力量，强化社区自治和服务功能，增强社区管理和服务能力。积极实施社会管理服务、社区居民自治、综治维稳等"三大工程"，建立法制健全、管理规范、分级负责的民间组织管理体系。培育和发展经济类、公益类社会组织及农村专业经济协会和社区民间组织，支持和引导科学、教育、文化、卫生、体育及随着人民生活水平的提高而逐渐涌现的新型社会组织。积极推动社区居民自治，有效化解基层矛盾纠纷，促进社会和谐发展。在政府深化体制改革的基础上，开始探索可持续发展实验区模式，有利于实验区健康长久的建立和发展。

目前南溪区正积极推进扩权强镇乡试点工作，四川省共有 59 个扩权县，南溪区属于其中之一，"强县扩权"改革在一定程度上清除了制约县域发展的现行经济与社会管理体制，对深化行政管理体制改革、提高行政效率、降低县域经济发展的交易成本、推动未来行政区划改革、促进城乡协调发展具有重要意义。在抓住发展机遇、建设试点过程中，更多的是政府在体制改革和管理上的行动，进一步提高放权质量，只要有利于县(市)加快发展，该放就放、能放尽放，切实做到真放权、放实权，真正把实质性、关键性和涉及具体利益的权限放给县(市)，同时，进一步理清市县关系。南溪区政府总的目标是建立一种市县两级和谐相处、既竞争又合作的新型关系，形成"交互理性"。进一步推动扩权转型。分权化改革的政策内涵是通过制度创新，使"三农"问题突出的区域摆脱困局，提升整个区域经济的活力，促进城乡协调发展。政府坚持进一步降低行政成本，提升管理水平。

3. 做好全局规划设计，坚持对外开放姿态

从全局、长远视角出发，从制度设计上坚持规划先行，通过科学的顶层设计和规划，结合国家和省、市"十二五"规划，加快完善该区"十二五"规划、宜宾罗龙工业集中区总体规划、城镇总体规划、产业发展规划、交通发展规划、生态发展规划、文化发展规划等修编工作，促进城市规划、土地规划和社会发展规划，加强对城市的建设和运营，促进城市发展，有利于产业、生态、环境的需要，初步构建起与"加快建设川南区域经济新高地"相适应、与人民群众新期待相吻合的"两化"互动新体系。

坚持开放的姿态才能赢得发展、吸引人才和外资。南溪区继续坚持通过"请进来，走出去"的方式，邀请广东四川商会、重庆四川商会、天津四川商会、浙江商会、四川温州商会、四川文旅集团及相关企业到南溪区考察。同时，积极组团参与中国西部国际博览会、中国进出口商品交易会、中国(重庆)国际投资暨全球采购会等区域性招商活动。政府在全局规划设计的基础上，做好对外开放的工作，坚持"引进来"和"走出去"的发展战略。

4. 加快发展内陆临港，积极推进区域合作

创新内陆临港开放经济发展模式，大力实施"引进来""走出去"战略，形成内外联动、先出后进、先进后出的交互发展局面。积极承接产业转移，创新招商引资方式，突出产业招商、园区招商、以商招商、专业招商的特色。努力开拓国内国际市场，提高南溪区优势产品国内国际市场占有率。

强化与成渝川南地区区域合作。以港口运输为重点，强化与自贡的合作，强化宜宾港罗龙作业区、学堂坝作业区，九龙码头与自贡市的通道连接。以港口协作为重点强化与泸州市的合作，以共建泸宜港口群，加强与成都经济区的区域合作。积极探索和鼓励港口设施和配套设施共建，吸引成渝经济区、川南经济区等相关区域有关地方政府、企业投资参股南溪港建设，吸引经济区有关地方政府

（包括各类国家及省级工业园区）、具有条件和需求的大型企业与南溪区共建专业性码头、作业区及仓储和物流设施。大力发展飞地经济，加强与重庆、贵州、云南等地的区域合作，进一步向贵州、云南拓展港口腹地，搭建开放港口的平台，探索资源共同开发的新途径。积极开展与东部发达地区、沿边省区的合作。积极承接产业转移，拓展特色休闲食品产业市场空间，延伸"南溪造"产品的销售市场半径。

5. 加强招商环境建设，大力促进招商引资

在驱动力分析中，招商引资对于南溪区"两化"互动、统筹城乡发展的影响力很大，招商引资在驱动力中排名第一，特别要大力优化投资环境、招商引资、推动城乡统筹发展。围绕四大产业群①和"一轴两极三片"② 产业战略布局，突出招商引资重点，加强与国内外行业龙头企业对接，推进战略合作。扎实做好招商引资的前期准备工作，加大招商项目推介力度，简化审批程序，提高办事效率，营造诚实守信的信用环境，加快建立企事业和个人信用评价、信用监管和信用服务体系，提高信用透明度，增强投资合作信心，确保招商引资效果。

6. 促进"两化"互动，加快推进城镇化建设

"两化"互动始终是南溪区发展的基本路径，新型工业是经济发展的主体，新型城镇化是经济发展的载体，两者合力才能形成区域发展的"两轮驱动"。工业化和城镇化是经济发展的"双引擎"，以新型工业化为"发动机"引领城镇化水平提升，以新型城镇化为"增长极"支撑工业优化升级，实现工业化、城镇化有机结合和双加速同步发展。工业增加值、GDP 和社会消费品零售总额对"两化"的驱动排在第二、三、四位，对于推动城镇建设及统筹城乡有非常大的作用。在优先开发及重点开发区域特别重视推动城镇建设、"两化"互动，对于建立南溪区可持续发展实验区效果非常显著。

如图 6.8 所示，2008 年，南溪区在社会经济发展过程中城镇化率曲线平缓增长，工业化率曲线相对比较陡峭。通过图 6.8 的数据显示可以看出，2009 年以后，南溪区工业化率的增长速度超过了城镇化率的增长速度。就世界上大多数发达国家的经济发展态势而言，其城市化率的增长速度基本都高于工业化率的增长，而南溪区的发展则是工业化率高于城镇化率，这说明，南溪区的城镇化发展明显滞后于工业化发展。如果该趋势得不到遏制的话，将会抑制南溪区消费需求的增长升级、产业结构的调整转型、经济发展效率的提升及工业化的可持续发展。因此，南溪区在创建统筹城乡可持续发展实验区的过程中，不仅要加快发展

---

① 四大产业群指轻工产业、精细民工产业、生物制药产业、特色农产品加工产业。
② 一轴指长江为轴线发展沿江产业带；两极指以罗龙、九龙工业园区为东西两极发展工业经济；三片指江南、长兴、大观三个片区发展综合农业。

工业化和城镇化，更要注重二者的发展速度与发展质量，立足实际，按照可持续发展的区域经济定位，通过对影响南溪区新型工业化、新型城镇化发展的因素进行因子分析，通过公共因子的综合得分情况，将南溪区的各乡镇划分开发层次等级，通过以点带轴、以轴带面的发展思路来探讨南溪区创建统筹城乡可持续发展实验区的发展方向，促使南溪区新型工业化和新型城镇化建设取得新的突破，走出一条更加注重"两化"发展质量、发展格局和发展比例，同步推进新型工业化和城镇化发展，实现"两化"比翼齐飞的可持续发展良性循环道路，实现川南区经济区建设中的率先崛起，把南溪区打造成为四川省省级的"两化"互动、统筹城乡示范区。

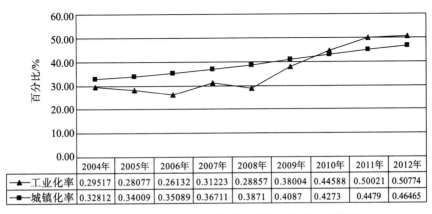

图 6.8　2008 年南溪区工业化率与城镇化率的互动关系

7. 大力促进"两化"互动，加快推进新型工业化建设

在南溪区工业化发展过程中，以科技创新为动力，通过信息化带动作用，实现跨越式发展的工业化，增强可持续发展能力的工业化，正确处理发展高新技术产业和传统产业、资金技术密集型产业和劳动密集型产业的关系。因此，南溪区应该以科技创新和信息化推动工业化可持续发展，推进高新技术产业加快发展，推进传统产业现代化，做到资本、技术和劳动的合理配置，保持新型工业化的活力，以持续推进新型城镇化。南溪区将罗龙产业园、九龙食品园、裴石轻工园、长信创业园统一整合为罗龙工业集中区，串珠成链、握掌成拳，推动工业集中集群集约发展。

6.6　本 章 结 论

统筹城乡发展自提出到现在，对其的研究经历了由单维向综合的演变，统筹城乡发展驱动力的研究一直是理论研究的核心，随着时间的推移，考虑的要素因子也越来越全面和丰富；但是统筹城乡和可持续发展的动力机制研究一直是分割开来的，特别是完整的统筹城乡可持续发展动力机制体系框架构建还缺乏，使得相关方面的研究还没有系统性的支撑框架，在指导实践中仍然存在盲目探索的现象；本章结合相关研究和实际情况，提出一套完整的动力机制研究框架体系，在破除城乡"二元"格局的基础上，以主体功能区划来约束发展区域的发展方向，利用发展的"良性循环系统"持续推动城乡统筹，真正实现协调可持续发展。

本书通过构建统筹城乡可持续发展的动力机制，在"两化"互动、"三化"联动的支撑下，运用因子分析法及灰色关联的分析法，划分出南溪区 15 个乡镇的四个主体功能分区，其中优先发展区域包括南溪镇、罗龙镇、大观镇、仙临镇和刘家镇；重点发展区域包括长兴镇、裴石乡、黄沙镇、江南镇和石鼓乡；限制发展区域包括留宾乡、汪家镇、马家乡三个乡镇；禁止发展区域包括林丰乡和大坪乡。在划分出来的各个主体功能分区中，实践模式重视其主体功能性，发展模式根据地区特性，有侧重采取多样化的发展，而不是传统的"一刀切"模式。再利用灰色关联分析法找出影响统筹城乡发展最重要的驱动力因子，前五位分别是招商引资额、工业增加值、GDP 和社会消费零售总额及总人口数，在南溪区今后的发展过程中，特别是结合主体功能分区，有侧重地利用驱动力因子推动优先发展区域和重点发展区域的发展，同时做好生态脆弱地区的保护。基于本书的研究，未来的发展研究还需要进一步完善统筹城乡可持续发展的动力机制，真正做到理论指导实践工作，更有目的性和针对性地促进南溪区统筹城乡可持续发展，缩小城乡差距，使农村和城市都可以得到协调可持续的发展，能为同类地区的发展提供理论参考。

第7章 结 论

7.1 基于容量研究的人口资源环境可持续发展研究结论

7.1.1 四川省人口容量研究的基本结论

四川省的人口是由具有最小人口规模的要素所决定的，此要素才是决定地区人口规模的关键性要素。四川省水资源、森林资源与能源资源都非常丰富，在四川省可持续发展过程中起到积极的作用。相对来说，耕地资源变得更为紧缺，耕地资源就成为四川省可持续发展的短板。

根据四川省 2030 年的最大人口承载力 10258.517 万人和适度人口 5449.766 万人，测算出四川省在这两种人口状态下的资源需求量。到 2030 年除了以四川省现有的人均粮食占有量 0.0762 吨/人计算耕地量有余以外，以其他标准来计算四川省的耕地资源都是不能满足需求的，以四川省现有的耕地资源在全国人均粮食消费的前提下也是不能满足的。

7.1.2 基于"容量研究"的人口资源环境协调发展策略讨论

资源环境超载的现象不仅仅存在于四川省，其他省份甚至全国都存在。这与国内的发展理念有关，致力于发展地区经济，一味地追求 GDP 而无视资源和环境的保护，2013 年频繁的地质灾害和空气污染就是很好的证明。四川省 2012 年 GDP 排名全国第八，GDP 超过两万亿，证明四川省经济发展迅速。但是在资源环境保护方面却有疏忽，资源成为限制人口增长的重要因素。

但是，耕地资源预测并不是完全代表现实发展，即使在采用外来粮食的情况下，也要努力发展和推广科技农业，提高增加粮食单产；必须开展保护耕地的活动，增加耕地面积的总量，并防止在高速城市化进程中浪费耕地。

社会的可持续发展进程中，人口是一个至关重要的问题，人口承载力受制于经济、资源、生态环境等要素。人口并不是某一定值，而是动态变化的。科学地调节人类社会和自然系统内的各个影响因素，使内部形成最优化的结构，发挥人口对人类社会最大的作用，才是真正的可持续发展。

　　（1）保持经济平稳发展。经济人口承载力是惊人的，四川省的经济总量远远高于全国平均水平，能更多地创造就业岗位，供养更多的人口。而成渝经济区的建设，更是为四川省的经济发展创造了契机，能吸纳和聚集更多的人口，增强四川省的经济人口承载力。四川省需要调整产业结构，均衡各产业就业人口，释放第一产业被束缚的劳动力，充分利用劳动力资源，创造出更多的与人口发展相适应的社会财富，使高速的经济增长与人口增长速度相匹配，提高经济人口承载力。

　　（2）保护耕地资源。保护各种自然资源，尤其是重视耕地资源，以免因粮食短缺而对社会造成危害。鼓励保护现有的耕地资源，严格控制耕地转化为其他用地。在城镇化进程中，加大土地整理的力度，节约用地，高效率利用土地；加强耕地保护的宣传工作，开展"退耕还林"活动，提高耕地复垦指数等。

　　（3）提高资源的综合利用效率。增加资源的产能，如在耕地逐渐减少的年代，提高粮食单产是迫切的。向农村投入和推广现代农业种植技术，正确引导，加强管理，提高土地的耕作效率和产量。努力解决好"三农"问题，扶植农村、农业的发展，防止有田无人耕的现象。但是也要注意强度，根据农作物的生长特点，合理地安排农作物的种植组合和种植分布，避免种植比例不合理的情况。注意化肥的使用，保护耕地的土壤质量，避免土壤的破坏。提高自然环境中各种资源的利用效率，提高资源的人口承载力。

7.2　基于合理布局研究的四川省可持续发展研究结论

7.2.1　基于四川省主体功能区划结果的实验区产业经济构建

　　综合运用多种区划理论方法，四川省区域发展类型与主体功能区的内涵得到了较好的复合，基于可持续发展的四川省主体功能区划如图7.1所示。

　　（1）省级优化开发区。成都市和自贡市、内江市、南充市、绵阳市人口规模较大，城市之间距离适中，国土单位面积承载负荷较重。在工业化过程中，以高耗能、高污染为特征的重工业和化工产业为区域发展做出了贡献，但这种不可持续的模式已经造成了严重的后果，特别是环境问题和水资源短缺的问题已制约到了社会经济的发展。推动产业升级，发展高新技术、集约化产业既是该地区自身发展的需要，也是这一地区作为区域增长极所必须承担的使命。

　　（2）省级重点开发区。德阳市、广安市、资阳市、达州市、遂宁市、眉山市、宜宾市、泸州市和攀枝花市为省级重点开发区。其中，德阳市、攀枝花市工业基础较好，是优化开发区的重要发展支撑区，同时也是国家主体功能区划的重点发展区，如攀枝花市是我国西部重要的稀有金属冶炼基地。南充市作为四川省东部的人口大市，人口密集，农业人口众多。就近实现城市化，是实现"三化建设"的突破口。同时，南充市环境敏感性较低、气候适宜、水资源丰富，对于满足大规模人口聚集有较好的自然禀赋。

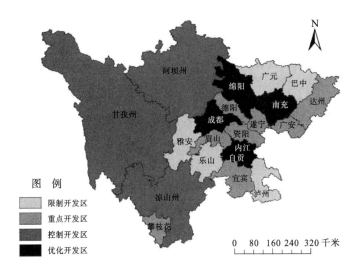

图7.1 四川省主体功能区分布图

(3)省级限制发展区。巴中市、乐山市和广元市为限制发展区。在资源环境分析中可知，乐山的环境敏感性不高，适合一定强度的开发，从区位和交通方面考虑，也有很大的发展优势。但是，就人口聚集规模和区域功能的形成机制而言，巴中市、乐山市和广元市与区域中心城市距离较近，在区域经济中承担较低级别的功能，发展空间受到超大城市的挤压。另外，这些地区承担着特大城市的农产品供给地和生态环境涵养地的功能。广元市和巴中市处于江河上游，地势崎岖，农业开发易造成水土流失等生态问题，是需要保护的生态功能区；同时，广元和巴中人口较为密集，贫困人口数量较大，又承担着农村人口转移和贫困人口扶贫开发的重担。广元市和巴中市的开发是四川省可持续发展实验区实践的重要组成部分。

(4)省级控制开发区。甘孜州、阿坝州、凉山州作为四川省可持续发展实验区的控制开发区，其组成包括国家规定的严格禁止开发的区域、保护区外围的缓冲带和生态保护区、适度开发的城镇居民点。将生态文化旅游开发作为地区发展的引擎，寻求"以开发促保护"的可持续发展之路。

7.2.2 基于主体功能区的四川省可持续发展实验区的发展现状评价

根据主体功能区规划，对照四川省可持续发展实验区的现状，从区域分布和发展现状及可持续发展区的发展方向对四川省可持续发展实验区的评价如下。

(1)四川省可持续发展实验区的分布较为合理。在优化开发、重点开发和限制开发都分布有典型性的可持续发展实验区。这对于全面推进可持续发展具有较强的适用性。

(2)四川省可持续发展实验区的实效性显著。可持续发展实验区要解决区域单元如何推进可持续发展的难题，主体功能区划要破解的是区域整体重复建设、同质竞争和资源环境破坏的困局，二者的结合点就是不同类型区内同类型子区的发展问题。四川省可持续发展实验区包含了优化开发区和重点开发区及限制开发区内的重点开发区的案例，正是主体功能区所要协调解决的矛盾。科学制定以上三类区域的发展策略，是可持续发展攻坚克难的关键点。

(3)四川省可持续发展实验区的发展方向总体向好。四川省可持续发展实验区围绕"集约发展、循环经济、清洁高效和环境保护"等可持续发展思想，实现了发展区社会经济的良性循环。但是，也有少量可持续发展实验区，区域定位和发展方向仍然是以经济扩张统领发展的老路，需要进行适当的调整。

四川省可持续发展实验区存在的问题集中在限制开发区类型上。在限制开发区内，发展优势明显的单元应当依照主体功能区划加强认识，探索限制并发区发展的模式，避免盲目照搬优化开发和重点开发的发展思路。

7.2.3 基于合理布局的发展策略讨论

主体功能区规划是在全面衡量区域自然、社会和经济因素的基础上，运用科学原理进行统筹规划，可以很大程度上规避主观随意性和短期经济现象的影响，具有较强的客观性、相对的稳定性和持续性，协调性特征也保证了区域发展的外部环境。因此，在主体功能区划框架下考虑可持续发展实验区建设科学、可行。

首先，要以社会经济的布局和转型实现资源的有效利用和可持续利用。在区域人口、经济容量研究的基础上，实现经济的优化发展，以市场机制促进人口合理流动和布局。

其次，找准区域功能定位。对于不同类型的主体功能区，根据其功能定位，以规划、政策及配套资金支持培育产业模式，在中长时期内形成自身的发展优势。

再次，以市场机制促进区域可持续发展。区域之间应打破地方保护主义和行政管制的限制，在市场机制下，促进资金和人力资源的合理流动，形成区域和行业之间合作大于竞争，行业之内竞争大于合作的协调发展格局。例如，优化发展区应向重点开发区转移工业和资金，同时加强自身的服务区域建设和支持。

最后，要积极探索社会主义新农村建设模式，在统筹城乡发展思想指导下，均衡公共资源配置；对重点发展城镇和发展轴线加强基础设施投入，引导农村人口逐渐集中居住，增加有效耕地面积，提高耕地质量；同时发展科技农业，提高粮食单产，提高耕地资源承载力。农业主体功能区的发展应加大教育、医疗卫生等的投入，改善教育、医疗卫生条件，实施人口素质建设工程，提高区域人口素质，变人口压力为人力资源优势；适度地建设区域性城镇的服务体系，加快区域城镇化进程，积累资金和技术，为城乡协调发展培育区级服务中心。

7.3 基于协调度的四川省可持续发展实验区研究结论

7.3.1 协调度研究结果

以人口、资源、环境、经济、社会为主要系统，从动态和静态两个方向，结合区域实际情况，构建适当的指标体系，分别用协调度模型和主成分分析法，对四川省实验区的协调性进行分析和评价。四川省可持续发展实验区建设 20 多年以来，可持续发展的协调水平总体上呈现上升趋势，且发展迅速。2000～2011 年，四川省的协调发展水平经历了濒临失调—勉强协调—初级协调—中级协调—良好协调—优质协调的发展阶段，其发展趋势和势头良好。

从可持持续发展的动态序列分析中可以看出，人口、资源环境、经济、社会四个系统的发展水平总体呈上升趋势，但各个系统发展速度不一。人口、资源环境、社会三个系统在 2000 年的发展起点较高，分别为 0.8389、0.7079、0.8059，在随后的发展中，三个系统平稳上升。经济系统相对其他三个系统而言发展的起点较低，2000 年仅为 0.4229，但其发展较为迅速，2011 年四个系统发展水平相当。

研究以 2011 年的统计数据为基础，以主成分分析法为数据模型，对四川省可持续发展进行截面分析。该分析结果将四川省可持续发展分为四种类型，分别为高、较高、较弱、弱。从这里可以看出，四川省 21 个市（州）的协调性发展不一，发展水平不均衡。

7.3.2 四川省可持续发展实验区协调性分析与评价

从协调度分析结果可以看出，四川省人口、资源环境、经济、社会各个系统的发展水平不平衡，但总体上呈现出上升趋，四个系统由先前的发展水平不平衡状态向平衡状态发展，且差距较小。

(1)人口与可持续发展。人口系统的综合发展水平2000~2011年没有大的波动，呈现出平缓的上升趋势，这是四川省政府长期以来严格实施计划生育政策的显著效果。人口作为可持续发展的关键，可分为数量、素质、结构三个基本方面，其中人口素质和结构是今后发展的重点。在人口数量方面，实行稳定的生育政策，继续实施人口与计划生育政策；在人口素质方面，可通过宣传优生优育政策与可持续发展理念、加强教育投资、增加人力资源开发的投入等方式，从人口出生、科学文化教育、劳动力技能等方面改善人口素质；在人口结构方面，可通过大力发展高等教育，提高第二和第三产业就业人口比重，培养和引进专业技术人才等方式，优化人口结构。

(2)资源环境与可持续发展。资源环境系统2000~2003年出现快速增长后缓慢下降，到2005年后一直平缓上升，说明四川省在发展经济的同时，合理分配和利用各种自然资源，注重生态效益。我国提出要建设资源节约型、环境友好型社会，关键是发展循环经济。其核心是通过减量化、再利用、再循环原则，从源头上减少对环境的破坏和污染，从过程上提高对资源的利用效率，从而达到节约资源、保护环境的目的。具体而言，在自然资源总量既定、环境承载力有限的情况下，四川省可通过推广清洁技术和清洁生产、发展环保产业、研制自然资源补偿收费和环境税收政策、开发新能源、加强水利和防灾减灾体系建设、走新型工业化道路等方式，合理开发和利用资源，保护环境，发展循环经济。

(3)经济与可持续发展。经济系统相对其他三个系统而言，协调发展水平的起点较低，并按时间序列呈现明显上升趋势，并快速增长，并于2011年超过其他三个系统的协调水平。树立和落实科学发展观，必须始终把经济建设放在中心位置。经济的发展为生态环境保护提供物质力量，正确处理好经济效益与生态效益是实现可持续发展的重要条件，经济的发展关键要处理好经济与资源、环境的协调发展。具体而言，四川省可通过全面提升三大产业结构、改变经济增长方式、构建经济可持续发展微观主体、实施城乡一体化战略、发展绿色支柱产业和特色农业等方式发展循环经济和知识经济。

(4)社会与可持续发展。社会系统的发展在2005年以前基本为水平线，2005年后增长相对较快。社会的协调发展是可持续发展的最终目标，其质量是实现区域可持续协调发展的关键。具体而言，可从人民生活水平、科技、教育、医疗卫生、社会保障、文化体育等方面加强各项社会事业的建设。例如，加强文化基础教育及体制改革，大力发展职业教育，建立科学的人才流动机制、公平的市场竞争机制和有效的再分配制度，改变不合理的生产和消费方式，改革分配制度，缩小收入差距，扩大城乡基本养老保险和医疗保险参保覆盖面，加强基础设施建设等方式，完善社会事业的发展。

7.4 四川省可持续发展实验区的发展问题、对策与展望

党的十八大把"建设美丽中国、实现中华民族永续发展""为自然留下修复空间，给农业留下更多良田，给子孙留下天蓝、地绿、水净的美好家园"写入工作报告[7]，可见中国经济社会发展面临的不可持续问题的严重性；全国主体功能区划被确定为 2010~2020 年中长期发展阶段的战略规划，同时被写入"十三五"国家规划，成为我国推进可持续发展的着力点，必将从各个方面引导持续、协调的经济格局的形成。结合主体功能区划研究，开展可持续发展实验区的发展模式探讨，对可持续发展实验区具有高屋建瓴的指导意义。为全面贯彻党的十八大以来中央关于绿色发展的新理念新战略新部署，2016 年 7 月 28 日，中共四川省委第十届委员会第八次全体会议深入研究推进绿色发展、建设美丽四川的一系列重大问题。

主体功能区规划是在全面衡量区域自然、社会和经济因素的基础上，运用科学原理进行统筹规划，可以很大程度上规避主观随意性和短期经济现象的影响，具有较强的客观性和相对的稳定性和持续性，协调性特征也保证了区域发展的外部环境。因此，在主体功能区划框架下考虑可持续发展实验区建设科学、可行。

7.4.1 四川省可持续发展实验区建设存在的问题

自 1992 年 10 月国家开始在江苏省开始实验区建设试点以来，经过 20 多年的发展，在全国 30 个省、自治区、直辖市范围内共建立 161 个国家级实验区，其中包含 13 个国家级示范区。而四川省自 1993 年 7 月获批建设首个国家级实验区以来，共建有国家级实验区四个。作为全国开始实验区建设较早的七个省份之一，四川省的实验区数量总体相对较少，甚至在全国实验区建设的平均数量（每省 5.37 个）之下。虽然仅以国家级实验区的数量来进行比较，论证显得不够充分，但仅是这样也能明显看出要进一步开展四川省的可持续发展实验区建设工作，在四川省范围内仍有许多问题亟待解决。

（1）总量偏少，分布不均，发展不平衡。自 1993 年四川省首个国级家实验区批准建立以来，经过 20 多年的发展，四川省共建立 13 个实验区，总量相对较少。全省 21 个市/州，只有 11 个市/州的个别市（区、县）建立了实验区，且主要集中在四川东部和南部。绵阳市、达州市、遂宁市、资阳市、内江市、自贡市、巴中市、凉山州、甘孜州、阿坝州至今没有一个实验区。如此种种现象，与四川省的人口、资源、经济大省的称谓极不相符，实验区的建设和发展极为不平衡。

（2）人口、资源及环境压力巨大。四川省作为全国的人口、资源大省，虽然

物产丰富，资源充足，但由于人口基数过大致使资源的人均拥有量相对较少，人口与资源的矛盾本就十分突出。而且，四川省的经济增长对资源优势过度依赖，高投入、高消耗的粗放式经济增长方式尚未转型，资源利用率和循环利用程度十分不足，致使在工业化步伐加快的过程中，资源能源的消耗过多过快，资源存量日益减少。这种不合理的资源开发利用方式导致自然灾害与大气、水污染等问题频发，严重破坏了生态环境的稳定性，环境承载力受到严重挑战，生态危机一触即发，人民生活环境质量有待提高。人口、资源及环境的巨大压力都严重制约了四川省的可持续发展。

(3)产业结构不合理。四川省的农业基础相对薄弱，农业资金投入少、现代农业技术基础差、综合生产能力低等原因致使农业发展速度缓慢，难以发挥对其他产业发展的支持，甚至拖住四川省经济快速发展的步伐。第二产业发展明显偏快，但由于政策环境不完善、市场化程度不高、制造业还未转型升级等原因，第二产业依然主要依靠资源投入量大、产品技术含量低的传统工业和劳动密集型工业，工业大而不强。第三产业发展比较滞后，尤以服务业为甚，其发展大多仍然停留在旅游、餐饮等基础性行业，远远达不到与工业发展进程配套的程度，经济增长效益尚未得到完全发挥。四川省第二产业比重过大、第三产业比重偏小的不合理问题已经完全暴露出来。

(4)科技发展水平较低，创新能力不足。科学技术是第一生产力。因此，在以技术创新为主的知识经济时代，更要加大对提升科技水平、增强创新能力及培养高端技术人才的资金投入力度。但实际上，四川省的综合科技进步水平指数远在国家平均水平之下，不说与发达国家相比，就国内而言，其创新投入强度基本也处于全国倒数的位置，技术创新能力仍然不足[41]。而且，相对于科学研究和原始创新而言，四川省更侧重于在试验发展活动上投入科技、人力，造成企业的原始创新能力不强，创新成果少且科技含量低，具有竞争优势的产品较少。

(5)公众意识不强，参与度不足。公众的广泛参与和热情支持是实验区建设的源泉和动力，但基层民众尤其是信息比较落后的小城镇和乡村地区的群众，由于整体受教育水平偏低，缺乏对可持续发展相关知识的了解，且对新思想的接纳能力较差，难以明确认识到可持续发展与切身利益相关，导致公众对可持续发展的认知不足，缺乏自觉意识，因此，参与度和积极性都受到了很大程度的影响。

7.4.2 四川省可持续发展实验区发展对策

(1)拓宽实验区的范围和内容。经过近20多年的可持续发展实验区建设，目前，四川省已建成四个国家级和九个省级可持续发展实验区，但作为我国的人口、资源大省，现有的实验区数量显然已不能满足四川省实施可持续发展战略的需求。因此，需认真总结四川省不同类型实验区的成功经验与模式，一方面，要努力发展原有的九个省级实验区，争取早日申报国家级可持续发展实验区；另一方面，需加大宣传与推广力度，扩大省级实验区的规模，甚至可以作一个按年新增定量实验区数目的规划，选择一些有发展基础与发展契机等有条件、有需求的地区进行实验区建设试点，待取得经验后再稳步扩展，至少保障每个地区都有一至二个实验区，发挥带动作用，宣传和普及可持续发展思想和理念，扩大实验区影响范围，逐渐形成可持续发展示范带动体系，更好地推进四川省实验区建设的健康发展。另外，四川省的实验区建设除了要继续着力解决制约四川省经济社会发展可持续发展的人口、资源与环境等方面的关键内容之外，也应关注与人民群众切身需求有关的就业、教育、医疗、住房等社会保障体制改革，将其纳入实验内容，不断探索涵盖更广、技术更高、效果更好的内容，让人民大众享受更多发展成果的四川省可持续发展新路径。

（2）凝练实验区特色。特色建设是实验区建设的灵魂，是推动实验区永续发展的生机与活力的所在。因此，四川省每个实验区在申报创建之初，必须引导实验区在总体规划过程中，坚持以可持续发展思想为依据，以建设特色鲜明、模式各异、类型不同的实验区为主旨，严格按照实验区的建设要求，结合各地自然资源、风土人情等实际情况，整合各类资源，围绕特色发展的主线，在众多实验领域中挖掘发展特色，通过特色开展建设任务，提炼适合各地的实验区发展主题，探索创新发展模式，并把特色建设作为实验区评审、验收及管理中的一项重要内容，引导实验区建设走上特色化、差异化的发展道路。

（3）构建经济可持续发展微观主体。企业是现代国民经济的细胞，企业的可持续发展是整个现代经济社会可持续发展的关键。企业传统的"原料—产品—废料"发展模式，对资源的利用都是粗放的和一次性的，只有通过把资源持续不断地变成废物来实现经济的数量型增长。构建经济可持续发展微主体的具体途径：一是建设企业绿色文化，形成新的生态化经营理念；二是加强企业绿色技术的研究开发，为清洁生产提供技术上的保证；三是建立符合生态与经济一体化的现代绿色企业制度，包括绿色经营管理制度、绿色营销制度、绿色核算制度、绿色价格制度、绿色包装制度、绿色渠道制度等；四是对污染企业实行限期整改及淘汰制度。

（4）逐步推进城乡一体化。城乡一体化，就是要把城市与农村、农业与工业、农民与市民作为一个整体，纳入整个国民经济与社会发展全局之中进行统筹策划，充分发挥工业对农业的支持和反哺作用，城市对农村的辐射和带动作用。四川省在发展新型城镇化的过程中，应该把握住成都市作为城乡统筹配套改革实验区的机会，以户籍制度为突破口，推进就业制度、教育制度、社会保障制度、基础设施建设、公共服务一体化等方面的改革，促进公共资源满足城乡人口需求。切实做好"以工带农"，从资金、技术、人才、信息等多方面，多渠道扶持农业；切实做好"以城带乡"加快中心城市和城市群建设，以城市辐射带动作用推进农村经济发展。

(5)走新型农村工业化道路，发展循环经济。四川省应积极探索促使乡镇企业适度集中发展、合理布局的政策措施，利用先进技术对乡镇企业进行改造和升级，促进资源的循环使用、回收再用，采用清洁生产技术，减少废物的排放，提高产品的绿色化程度。同时，鼓励支持发展农村工业，以农村剩余劳动力就业和农产品加工为重点，延长农业产业链，增加农产品的附加值。

(6)以科技为先导，探索科技成果转化机制。实验区的建设应将可持续发展和科教兴国战略有机结合起来，加强科技成果与实验区经济发展、社会进步、资源改善等内容的衔接，积极搭建科技创新平台，调动科技人员从事科研及其成果转化的积极性，探索科技成果转化的机制。

7.4.3 四川省可持续发展实验区展望

(1)对人口容量、布局和素质的管理，将是可持续发展实验区政策调控的着力点。人口是社会发展最为活跃的因素，人口与社会的发展密切相关，其关系是相互制约又相互促进。因此，人口必须控制在与之相适应的社会发展水平中，人口过多会限制社会经济的发展和加大资源供给的压力；而过少又无法推动社会的正常发展，所以必须将人口控制在与之相对应的经济和资源人口承载力的范围之内。提高人口素质，使其与经济发展相适应。人口素质影响着经济资源的配置和发展速度。日益发达的科学技术，对劳动者的素质要求也会越来越高，如何发挥好人口对经济的促进作用，人口素质是一大关键。人口素质包括生理素质和文化素质两方面。生理素质主要通过锻炼和饮食营养来搭建，并且加强优生优育来避免先天的生理缺陷。而文化素质主要是通过教育的投资来提高人口素质，同时，开展培训班及向企业宣传提高劳动者的素质，充分发挥人力资源的优势作用，提高生产效率，推动经济的发展。

(2)优化人口空间布局，二三线城市或地区将会被给予更多的发展机会。转移部分产业，增加这些地区的就业岗位和机会，合理地引导人口流动，把握人口的平衡。避免人口向某一区域集中靠拢，这就适当地降低了中心区域的资源压力，而又增加了二三线地区的资源利用，实现了整个地区人口经济资源的统一发展。

(3)以水资源为代表的区域环境资源禀赋将成为区域发展的后发优势。优美的居住环境和优质的农业产品是人类提高生活品质、维护身体健康的前提，科学技术的进步改变不了人类这一根本需求，而科技进步对工业生产资源的升级换代日新月异，绿色环保的高科技生产对能源和资源需求大幅降低，以矿产能源为经济增长动力的地区，资源优势会逐渐蜕变为环境劣势。

(4)区域综合发展评价将取代经济发展指标，更为全面地体现科学发展的要求。全国主体功能区划的颁布，将区域发展重新纳入有序、有度的理性发展轨道，国家运用财政、货币政策调整地区的利益分配，最终实现发展的综合水平最优。

7.5 四川省人口资源环境可持续发展的绿色空间体系和国土开发格局

建设美丽四川，促进人口资源环境协调、可持续发展需要在优化国土空间上做文章。从地理学视角讲，国土空间是发展的基础。结合全书的研究视角和推进绿色发展、建设美丽四川的现实要求[①]，本章最后讨论关于四川省人口、资源、环境可持续发展的绿色空间体系和国土开发格局。

国土是生态文明建设的空间载体。要按照人口、资源、环境相均衡，经济效益、社会效益、生态效益相统一的原则，整体谋划国土空间开发，落实主体功能区规划，科学、合理布局和整治生产空间、生活空间、生态空间。

1. 完善区域发展空间布局

深入实施多点、多极支撑发展战略，加快成都平原、川南、川东北、攀西和川西北五大经济区建设，塑造主体功能约束有效、资源环境可承载、发展可持续的国土空间开发格局。推动成都平原经济区特别是成都、天府新区领先发展，突出创新驱动和全方位对外开放，培育高端成长型产业和新兴先导型服务业，加快培育新兴增长极，加快建设国家中心城市，加快打造全面创新改革试验先导区、现代高端产业集聚区和内陆开放前沿区。加快川南经济区一体化发展，大力发展临港经济和罗龙、南溪过江通道，将推进经济的发展，发展节能环保装备制造、页岩气开发利用、再生资源综合利用等新兴产业，建设长江经济带（上游）绿色发展先行区。加快培育壮大川东北经济区，依托天然气、农产品等优势资源发展特色产业，建设川渝陕甘结合部区域经济中心。推动攀西经济区加强战略资源开发，建设国家级战略资源创新开发试验区。推动川西北生态经济区走依托生态优势实现可持续发展的特色之路，建设国家生态文明先行示范区。

编制与落实《长江经济带发展规划纲要》的实施规划，贯彻执行"共抓大保护，不搞大开发"的重要要求，形成生态优美、交通通畅、经济协调、市场统一、机制科学的长江上游沿江经济带。突出生态环境保护优先，规划实施一批沿江重大生态修复项目，推动流域协同治理，建设沿江绿色生态廊道。正确处理江岸水陆关系、干流支流关系和上下游关系，优化沿江城市和产业布局，优先发展

---

① 更多内容请参见 2016 年 7 月 28 日中国共产党四川省第十届委员会第八次全体会议通过的《中共四川省委关于推进绿色发展建设美丽四川的决定》。

低污染、高效益替代产业，构建沿江绿色发展轴。支持嘉陵江流域国家生态文明先行示范区建设。推进建设衔接高效、安全便捷、绿色低碳的沿江综合立体交通走廊，推动上下游地区互动协调发展。

2. 全面落实主体功能区规划

明确各地主体功能定位，完善开发政策，控制开发强度，规范开发秩序。重点加快新型工业化和新型城镇化进程，农产品主产区以提高农产品生产能力为重点加快推进农业现代化，重点生态功能区突出保护修复生态环境和提供生态产品。各级各类自然文化资源保护区的核心区、缓冲区及其他需要保护的特殊区域，严格依法禁止开发。认真落实主体功能区战略布局，加快形成以"一轴三带、四群一区"① 为主体的城镇化发展格局，构建以四川盆地中部平原浅丘区、川南低中山区、盆地东部丘陵低山区、盆地西缘山区和安宁河流域五大农产品主产区为主体的农业发展格局，构建以若尔盖草原湿地、川滇森林及生物多样性、秦巴生物多样性、大小凉山水土保持和生物多样性四大生态功能区为重点，以长江、金沙江、嘉陵江、岷江－大渡河、沱江及其主要支流雅砻江、涪江、渠江等八大流域水土保持带为骨架，以世界遗产地、自然保护区、森林公园、风景名胜区等典型生态系统为重要组成的"四区八带多点"生态安全格局。

3. 实行差别化区域发展政策

根据不同区域主体功能定位，健全差别化的规划引导、财政扶持、产业布局、土地整理、资源配置、环境保护、考核评估等政策措施，推动形成区域发展特色化、资源配置最优化、整体功能最大化的良好态势。全面落实《四川省县域经济发展考核办法》，取消重点生态功能区县和生态脆弱的贫困县地区生产总值及增速、规模以上工业增加值增速、全社会固定资产投资及增速的考核，增加绿色发展相关指标的考核。支持重点生态功能区以"飞地"园区形式在区域外发展工业，加大对重点生态功能区的转移支付力度。大力推进秦巴山区、乌蒙山区、大小凉山彝区和高原藏区生态扶贫，实施生态环境休养和修复工程，合理开发、利用生态资源，开展生态脆弱敏感地区移民搬迁，加快脱贫奔小康进程。

4. 强化国土空间治理

以市县级行政区为单元，探索建立以空间规划为基础、以"城市开发边界、永久基本农田和生态保护红线"为底线、以用途管制为主要手段的空间治理体系。加强省级空间规划研究，以主体功能区规划为基础统筹各类空间性规划。推

---

① "一轴"：成渝城镇发展轴；"三带"：成绵乐、达南内宜、沿长江城镇发展带；"四群"：成都平原、川南、川东北和攀西城市群；"一区"：川西北生态经济区。

动市县"多规合一",即形成一个市县一个规划、一张蓝图,统一土地分类标准(十八届五中全会与四川省生态文明体制改革方案皆有提及)。根据主体功能定位和国土空间分析评价,科学划定生产空间、生活空间、生态空间,逐步形成一个市县一个规划、一张蓝图。建立健全国土空间用途管制制度,将用途管制扩大到所有自然生态空间,强化政府空间管控能力。

5. 严守资源环境生态红线

严守资源消耗上限,实行能源消耗总量和强度双控行动。实行最严格的水资源管理制度,落实用水总量控制、用水效率控制、水功能区限制纳污管理,以水定产、以水定城、以水定地。强化基本农田保护。严守环境质量底线,将环境质量"只能更好、不能变坏"作为环保责任红线,实施重点控制区大气污染物和重点流域水污染物排放限值管理,科学、合理地确定不同地区污染物排放总量。在重点生态功能区、生态环境脆弱区和敏感区等区域划定生态保护红线,严格管理自然生态空间征(占)用,确保生态功能不降低、面积不减少、性质不改变。实行动态评估退出制度,建立不符合生态保护要求的企业有序退出机制。

参 考 文 献

[1] 齐恒. 可持续发展概论[M]. 南京：南京大学出版社，2011.

[2] 申玉铭，方创琳，毛汉英. 区域可持续发展的理论与实践[M]. 北京：中国环境科学出版社，2007.

[3] 科学技术部农村与社会发展司，中国 21 世纪议程管理中心. 中国可持续发展实验区的探索与实践
[M]. 北京：社会科学文献出版社，2006.

[4] 裴莉. 西北民族地区城乡协调发展研究[D]. 西北师范大学硕士学位论文，2005.

[5] 柳思维，晏国祥，唐红涛. 国外统筹城乡发展理论研究述评[J]. 财经理论与实践，2007，
(150)：111-114.

[6] 中共中央马克思恩格斯列宁斯大林革作编译局. 马克思恩格斯全集(第 3 卷)[M]，北京：人民出版
社，2002.

[7] 曾培炎. 科学发展观的内涵[P]. 学习时报，2003-12-15.

[8] 徐强，郭本海. 区域可持续发展与区域形象设计[M]. 南京：东南大学出版社，2005；7.

[9] Meadows D H，Dennis L M，Jorgen R，et al. The Limits to Growth[M]. Washington D. C. ：Potomac，
1972.

[10] Pearce D W，Warford J J. World Without End：Economics，Environment，And Sustainable Develop-
ment[M]. New York：Oxfrod University Press，1993.

[11] 张果. 我国可持续发展与水土流失治理[J]. 四川师范大学学报(自然科学版)，1997，(4)：140-144.

[12] 联合国 21 世纪议程. http：//www. un. org/chinese/events/wssd/agenda21. htm[1992-6-14].

[13] 中国 21 世纪议程管理中心. http：//www. acca21. org. cn/.

[14] 四川省贯彻实施《中国 21 世纪议程》领导小组办公室. 全面推进《四川 21 世纪议程》加快提高可持
续发展能力[J]. 中国人口·资源与环境，2000，(1)：60，61.

[15] 姜太碧. 统筹城乡协调发展的内涵和动力[J]. 农村经济，2005，(6)：13-15.

[16] 胡金林. 我国城乡一体化发展的动力机制研究[J]. 农村经济，2009，(12)：30-33.

[17] 吴永生. 区域性城乡统筹的空间特征及其形成机制——以江苏省市域城乡为例[J]. 经济地理，2006，
26(5)：810-814.

[18] 张果，任平，周介铭，等. 城乡一体化发展的动力机制研究——以成都市为例[J]. 地域研究与开发，
2005，(6)：33-36.

[19] 王长生. 重庆市统筹城乡发展模式研究[D]. 东北师范大学博士学位论文，2012.

[20] 蒋贵凰. 城乡统筹视域下乡村内部动力机制的形成[J]. 农业经济，2009，(1)：50-52.

[21] 刘成玉，任大廷，万龙. 内驱式城乡统筹：概念与机制构建[J]. 经济理论与经济管理，2010，
(10)：27-33.

[22] 陈为邦，潘斌. 城乡统筹怎么统[J]. 城市规划，2010，(1)：59-60.

[23] 樊杰. 解析我国区域协调发展的制约因素，探究全国主体功能区规划的重要作用[J]. 中国科学院院
刊，2007，(3)：194-200.

[24] 樊杰. 我国主体功能区划的科学基础[J]. 地理学报，2007，(4)：339-350.

[25] 樊杰. 主体功能区战略与优化国土空间开发格局[J]. 中国科学院院刊，2013，(2)：193-205.

[26] 胡永宏，贺思辉. 综合评价方法[M]. 北京：科学出版社，2000：167-182.

[27] 四川省测绘地理信息局. 四川省地理省情公报. 2012-12-12. http：//www. scbsm. com/cgxx/

chyw/6861. htm[2012-12-12].

[28] 成都市第十二届委员会第六次全体会议. 成都市委关于国民经济和社会发展十三五规划的建议. ht-tp：//scnews. newssc. org/system/20151210/000627888. html[2015-12-4].

[29] 中国 21 世纪议程管理中心社会事业与区域发展处，国家可持续发展实验区管理办法. http：//www. acca21. org. cn[2012].

[30] 徐中民，张志强. 可持续发展定量指标体系的分类和评价[J]. 西北师范大学学报(自然科学版)，2000，36(4)：82-87.

[31] 杨多贵，陈劭锋，牛文元. 可持续发展四大代表性指标体系评述[J]. 科学管理研究，2001，19(4)：58-61.

[32] 叶文虎，全川. 联合国可持续发展指标体系述评[J]. 中国人口·资源与环境，1997，(3)：83-87.

[33] 李清义. 可持续发展实验区评价指标体系与方法研究[D]. 天津大学硕士学位论文，2003.

[34] Petra S R. Energy sustainable communities：Environmental psychological investigations[J]. Energy Policy，2008，(36)：4126-4135.

[35] 李善峰. 社区发展与公民参与——中国社会发展综合实验区建设概述[J]. 当代世界社会主义问题，2002，(4)：86-93.

[36] Linda C S，Rod T. Is community-based sustainability education sustainable a general overview of organizational sustainability in outreach education [J]. Journal of Cleaner Production，2009，(17)：1132-1137.

[37] Ha S K. Housing regeneration and building sustainable low-income communities in Korea[J]. Habitat International，2007，(31)：116-129.

[38] Clark II W W，Larry E. Agile sustainable communities：On-site renewable energy generation[J]. Utilities Policy. 2008，(16)：262-274.

[39] Peter N，Nadiaafrin G G，Chestere E. Space technology，sustainable development and community applications：Internet as a facilitator[J]. Acta Astronautica，2006，(59)：445-451.

[40] 李俊莉. 可持续发展实验区发展状态评估研究[D]. 西北大学硕士学位论文，2012.

[41] 章鸣. 基于生态足迹模型的土地可持续利用评价研究[D]. 浙江大学硕士学位论文. 2004.

[42] 杨勤业，吴绍洪，郑度. 自然地域系统研究的回顾与展望[J]. 地理研究，2002，21(4)：407-417.

[43] 张锦高，李忠武. 可持续发展定量研究方法综述[J]. 中国地质大学学报(社会科学版)，2003，3(6)：32-35.

[44] 姜莉萍. 县域可持续发展指标体系的研究与评价[D]. 北京林业大学硕士学位论文. 2008.

[45] 王海燕. 论世界银行衡量可持续发展的最新指标体系[J]. 中国人口：资源与环境，1996，(1)：39-44.

[46] 冯年华. 区域可持续发展理论与实证研究[D]. 南京农业大学硕士学位论，2003.

[47] 蓝盛芳，钦佩. 生态系统的能值分析[J]. 应用生态学报，2001，12(1)：129-131.

[48] 唐宁，廖铁军. 基于能值分析的土地生态经济系统可持续性评价[J]. 安徽农业科学，2007，35(2)：345-347.

[49] 李苏. 生态学和经济学的桥梁——能值理论分析法述评[J]. 河北联合大学学报(社会科学版)，2010，10(6)：62-64.

[50] 赵毓梅. 区域生态经济系统可持续发展测试方法及案例研究[D]. 陕西师范大学硕士学位论文. 2008.

[51] 高翀，王京安. 生态足迹理论研究进展及实践综述[J]. 商业时代，2011，(10)：6-7.

[52] 徐俊. 系统工程方法及其在国家可持续发展实验区评价中的应用[J]. 科技管理创新，2006(1)：109-111.

［53］王志强. 用技术创新扩散理论分析可持续发展实验区建设［J］. 河北农业大学学报，2008，10
　　　（2）：219-222.

［54］李俊莉，曹明明. 国家可持续发展实验区的时空分布特征研究［J］. 曲阜师范大学学报，2011，34
　　　（1）：110-114.

［55］毛汉英. 山东省可持续发展指标体系初步研究［J］. 地理研究，1996，（4）：16-23.

［56］杨多贵，陈劭锋，王海燕，等. 云南省可持续发展能力研究与评价［J］. 地理与地理信息科学，2001，
　　　17（3）：1-6.

［57］李善峰. 我国可持续发展实验区的评估理论与指标体系［J］. 东岳论丛，2003，24（2）：17-22.

［58］徐俊. 县域国家可持续发展实验区协调性的实证研究［J］. 中国软科学，2008，（9）：90-93.

［59］曹立新，李遂亮，任素琴，等. 可持续发展实验区评价指标体系研究［J］. 安徽农业科技，2012，40
　　　（11）：6980-6982.

［60］刘建成，陈志强. 四川省可持续发展实验区建设经验与发展建议［J］. 海峡科学，2010，（9）：70-75.

［61］冯贞柏. 新会建设国家可持续发展实验区的实践与经验［J］. 城市探索，2012，（1）：33-34.

［62］江汶芹. 四川省可持续发展实验区建设分析——以统筹城乡为主题的宜宾市南溪区的创建为例［D］.
　　　四川师范大学硕士学位论文，2014.

［63］耿涌，刘竹，薛冰. 低碳：国家可持续发展实验区建设的重要方向［J］. 科技成果纵横，2009，
　　　（5）：18-21.

［64］国务院. 国务院关于编制全国主体功能区规划的意见. 国发［2007］21号.

［65］冯年华. 区域可持续发展理论与实证研究［D］. 南京农业大学硕士学位论文. 2003.

［66］朱启贵. 国内外可持续发展指标体系评论［J］. 合肥学院学报：自然科学版，2000，（1）：11-23.

［67］曾昭斌. 我国可持续发展理论研究述评［J］. 南阳师范学院学报，2007，6（11）：44-46.

［68］中国科学院可持续发展战略研究组. 2011年中国可持续发展战略报告［M］. 北京：科学出版
　　　社，2011.

［69］张坤民. 可持续发展论［M］. 北京：中国环境科学出版社，1997.

［70］乔家君，李小建. 河南省可持续发展指标体系构建及应用实例［J］. 河南大学学报（自然科学版），
　　　2005，35（3）：44-48.

［71］杨多贵，陈劭锋，王海燕，等. 云南省可持续发展能力研究与评价［J］. 地理与地理信息科学，2001，
　　　17（3）：1-6.

［72］谢剑峰，刘力敏，周旌，等. 河北省县域可持续发展评价指标体系的建立与应用研究［J］. 中国环境
　　　管理干部学院学报，2011，21（6）：31-33.

［73］冯玉广，王君，杨述贤. 山区县可持续发展指标体系与评价方法研究［J］. 中国人口·资源与环境，
　　　2000，（S1）：110-112.

［74］崔灵周，李占斌，马俊杰，等. 黄土高原可持续发展评价指标体系设计与应用［J］. 西北农林科技大
　　　学学报：自然科学版，2001，29（2）：86-90.

［75］沈镭，成升魁. 青藏高原区域可持续发展指标体系研究初探［J］. 资源科学，2000，22（4）：30-37.

［76］冷疏影，刘燕华. 中国脆弱生态区可持续发展指标体系框架设计［J］. 中国人口·资源与环境，1999，
　　　（2）：40-45.

［77］刘家平，周木堂，陈丽英，等. 广东科技基础、基地及设施［J］. 广东科技，2004，（10）：50-68.

［78］刘力. 中国可持续发展的实验区建设及其理论思考［J］. 吉林林业科技，2001，30（1）：33-38.

［79］安和平，陈爱平，杨圣波. 创建可持续发展实验区 推进生态文明示范的思考［C］//贵州省生态文明建
　　　设学术研讨会论文集，2008.

［80］曹霓. 可持续发展实验区发展状态评价研究［D］. 西北大学硕士学位论文. 2010.

［81］那书晨. 河北省经济可持续发展评估与战略研究［D］. 河北工业大学硕士学位论文. 2008.

[82] 杨国华. 可持续发展指标体系及广东可持续发展实验区建设研究[D]. 中山大学硕士学位论文. 2006.

[83] 李易璇. 大港区可持续发展实验区建设的现状与对策研究[D]. 天津大学硕士学位论文. 2009.

[84] 杨国华. 可持续发展指标体系及广东可持续发展实验区建设研究[D]. 中山大学硕士学位论文. 2006.

[85] 刘恕. 国家可持续发展实验区20年成果喜人[N]. 科技日报. 2006-11-10.

[86] 李进. 依靠科学技术 四川可持续发展工作推向一个新阶段——在"四川省21世纪议程管理中心"授牌仪式上的讲话[J]. 软科学, 1998, (4): 1-2.

[87] 四川省贯彻实施《中国21世纪议程》领导小组办公室. 全面推进《四川21世纪议程》加快提高可持续发展能力[J]. 中国人口·资源与环境, 2000, 10(1): 60-61.

[88] 亚里士多德. 政治学[M]. 吴寿彭译. 北京: 商务印书馆, 1983: 354.

[89] 丹棱县构筑和谐发展的生态版图[N]. 四川日报, 2010-1-5.

[90] 亮三郎. 人口论史[M]. 张毓宝译. 北京: 中国人民大学出版社, 1984: 52.

[91] 李咏华. 基于GIA设定城市增长边界的模型研究[D]. 浙江大学硕士学位论文, 2011.

[92] Seidl T C A. Carrying capacity reconsidered: from Malthus' population theory to cultural carrying capacity[J]. Ecological Economics, 1999, 31: 395-408.

[93] Cohen J E. Population growth and Earth's human carrying capacity[J]. Science, 1995, 269: 341-346.

[94] 董银兰. 人口学概论[M]. 北京: 科学出版社, 2004: 6.

[95] 袁贵仁. 马克思的人学思想[M]. 北京: 北京师范大学出版社, 1996.

[96] Cannan E. Elementary Political Economics[M]. London: Edwin Cannan Oxford University Press, 1888: 22.

[97] 彭松建. 西方人口经济学概论[M]. 北京: 北京大学出版社, 1987: 160.

[98] 毛志锋. 适度人口与控制[M]. 西安: 陕西人民出版社, 1995: 44.

[99] 阿尔弗雷·索维. 人口通论(上册)[M]. 北京经济学院经济研究所人口研究室译. 北京: 商务印书馆, 1983: 53.

[100] 张敏如. 中国人口思想简史[M]. 北京: 中国人民大学出版社, 1982: 1-194.

[101] 廖田平, 温应乾. 人口生产必须和物质生产相适应[J]. 中山大学学报(社会科学版), 1980, (1): 31-42.

[102] 叶文虎, 陈国谦. 三种生产论: 可持续发展的基本理论[J]. 中国人口·资源与环境, 1997, (1): 14-18.

[103] 田雪原, 陈玉光. 经济发展和理想适度人口[J]. 人口与经济, 1981, (3): 12-18.

[104] 张英飙. 人口承载力的理论内涵与测算方法[J]. 重庆社会科学, 2008, (11): 53-61.

[105] 李玉江, 吴玉麟, 李新运, 等. 黄河三角洲人口承载力研究[J]. 人口研究, 1996, (3): 27-33.

[106] 陈兴鹏, 戴芹. 系统动力学在甘肃省河西地区水土资源承载力中的应用[J]. 干旱区地理, 2002, 25(4): 377-382.

[107] 刘钦普, 林振山, 冯年华. 土地资源人口承载力动力学模拟和应用[J]. 南京师范大学学报(自然科学版), 2005, 28(4): 114-118.

[108] 陈英姿. 我国相对资源承载力区域差异分析[J]. 吉林大学社会科学学报, 2006, (4): 111-117.

[109] 郭秀锐, 杨居荣, 毛显强. 城市生态足迹计算与分析——以广州为例[J]. 地理研究, 2003, 22(5): 654-662.

[110] 郝永红, 王学萌. 灰色动态模型及其在人口预测中的应用[J]. 数学的实践与认识, 2002, 32(5): 813-820.

[111] 陈正. 陕西省人口承载力与适度人口定量研究[J]. 统计与信息论坛, 2005, 20(6): 37-41.

[112] 邓波，洪绂曾，高洪文. 草原区域可持续发展研究的新方向——生态承载力[J]. 吉林农业大学学报，2003，25(5)：507-512.

[113] 孙洪刚，黑龙江生态省建设生态评价指标体系的研究[D]. 东北林业大学硕士学位论文，2005.

[114] 冯鸣翔，王宏，刘鹏飞，等. 日本水环境考察[J]. 东北水利水电. 1999，6(2)：45-46.

[115] 贾嵘，薛惠峰，解建仓，等. 区域水资源承载力研究[J]. 西安理工大学学报，1998，14(4)：382-387.

[116] 谢高地，周海林，甄霖，等. 中国水资源对发展的承载能力研究[J]. 资源科学，2005，27(4)：2-7.

[117] 孙鸿烈. 中国资源科学百科全书[M]. 北京：中国百科全书出版社，2000：321-322.

[118] 郑度. 关于地理学的区域性和地域分异研究[J]. 地理研究，1998，17(1)：4-9.

[119] 四川省统计局. 四川省统计年鉴(2012)[M]. 北京：中国统计出版社，2012：1-548.

[120] 李慧. 推进四川生态文明建设研究[J]. 四川行政学院学报，2012，(4)：101-104.

[121] 中国网. 国务院《关于印发全国主体功能区规划的通知》[EL/OL]. 国发〔2010〕46 号. http://www. china. com. cn/policy/txt/2011-06/13/content _ 22768278 _ 5. htm[2011-6-13].

[122] 马凯. 中华人民共和国国民经济和社会发展第十一个五年规划纲要辅导读本[M]. 北京：科学技术出版社，2006.

[123] 朱传耿，仇方道，马晓冬. 地域主体功能区划理论与方法的初步研究[J]. 地理科学，2007，27(2)：136-141.

[124] 李宪坡，袁开国. 关于主体功能区划若干问题的思考[J]. 现代城市研究，2007，(7)：28-34.

[125] 吴开慧，贵州省主体功能区划关键技术研究与应用[D]. 贵州师范大学硕士学位论文，2009.

[126] 张平宇. 黑龙江省主体功能区规划技术过程与初步方案[R]. 2008-10-30.

[127] 陈云琳，黄勤. 四川省主体功能区划分探讨[J]. 资源与人居环境，2006，(10)：37-40.

[128] 顾朝林，张晓明，刘晋媛，等. 盐城开发空间区划及其思考[J]. 地理学报，2007，62(8)：787-798.

[129] 樊杰. 中国主体功能区划的科学基础[J]. 地理学报，2007，62(4)：340-350.

[130] 刘恕. 国家可持续发展实验区 20 年成果喜人[N]. 科技日报，2006-11-10.

[131] 江素珍. 基于循环经济的项目效益评价体系及模型研究[D]. 合肥工业大学硕士学位论文，2009.

[132] 史宝娟，阚连合，闫军印. 区域循环经济系统评价及优化[M]. 北京：冶金工业出版社，2011：18-19.

[133] 宝娟. 城市循环经济系统构建及评价方法研究[D]. 天津大学硕士学位论文，2006.

[134] 谢秋凌. 发展循环经济的法律保障研究[J]. 云南大学学报(法学版)，2007，20(4)：24-28.

[135] 虞春英，吴开. 经济—环境—资源系统的协调度定量分析[J]. 经济研究导刊，2010，(36)：5-7.

[136] 刘奇葆. "两化"互动、统筹城乡，走具有西部特色的科学发展之路[J]. 求是，2012，(16)：11-14.

[137] 吴伟年. 城乡一体化的动力机制与对策思路——以浙江省金华市为例[J]. 世界地理研究，2002，(4)：46-53.

[138] 钟春艳，李保明，王敬华. 城乡差距与统筹城乡发展途径[J]. 经济地理，2007，(6)：936-951.

[139] 陈红霞，高清明. 统筹城乡"两化"互动的理论与实践——蒲江县寿安新城推进"两化"互动的探索与解读[J]. 经济与社会发展，2012，(11)：83-85.

[140] 刘洪彬，刘宇会. 统筹城乡可持续发展评价指标体系框架研究[J]. 佳木斯大学社会科学学报，2006，(6)：45-46.

[141] 张京祥，陆枭麟. 协调还是变奏：对当前城乡统筹规划实践的检讨[J]. 国际城市规划，2010，(1)：12-15.

[142] 赵登发. 确定主体功能统筹城乡发展——广东省云浮市实施县域主体功能区规划[J]. 中国财政，2012，(10)：49-50.

[143] 赵正永. 十八大报告中的新理论、新思想、新概括[N]. 陕西日报，2012-12-3.

索　引